便利で簡単オブジェクト指向　高速描画グラフィックライブラリ

「Kotlin（コトリン）」と「OpenGL ES3」ではじめる

「Android」入門

はじめに

本書は、「統合開発環境」(IDE)である「Android Studio」上で、プログラミング言語「Kotlin」(コトリン)を用いて「Androidアプリ」をプログラミングする入門書です。

*

「Android Studio」では、最初に、「カラのプロジェクト」「タブで画面を切り替えるプロジェクト」など、いくつかの「テンプレート・プロジェクト」から選びます。

それらの「テンプレート・プロジェクト」の「Activity」や「Fragment」で、「ソースに直接コーディング」したり、「レイアウトリソースでコーディング」したりして、「3D」の「View」をセットし、画面に「3D」を描画するのがメインの内容です。

これらのサンプルを参考に、「3D」だけでなく、各「テンプレート・プロジェクト」にコードを追加していくための「取っ掛かり」のプログラミング方法を解説しています。

*

解説を読むだけでなく、是非、コードを書いてみて、本書で「Android」アプリが作れるようになってください。

「解説文」でプログラミングを理解するよりも、手を動かして書いた「コード」を解読したほうが、理解が早いからです。

大西　武

便利で簡単オブジェクト指向　高速描画グラフィックライブラリ

「Kotlin」と「OpenGL ES3」ではじめる

「Android」入門

CONTENTS

はじめに …… 3
「サンプル・ファイル」のダウンロード …… 6

第1章 Androidと3D
[1-1] Androidについて …… 7
[1-2] 「Android Studio」について …… 10
[1-3] 「3D」について …… 13
[1-4] 「OpenGL ES」について …… 19
[1-5] 「使用ソフトウェア」や「PCのスペック」について …… 22

第2章 「Android Studio」のセットアップ
[2-1] 「Android Studio」のセットアップ …… 26
[2-2] 「Android Studio」の初期設定 …… 30
[2-3] 「Android Studio」の設定 …… 34

第3章 「Empty Activity」プロジェクト
[3-1] 「プロジェクト」の用意 …… 41
[3-2] ファイルのコピー&ペースト …… 44
[3-3] 「ソース」のコーディング …… 46
[3-4] プロジェクトのエミュレータ・実機での実行 …… 49

第4章 「Basic Activity」プロジェクト
[4-1] プロジェクトの用意 …… 52
[4-2] ファイルのコピー&ペースト …… 54
[4-3] ソースのコーディング …… 56
[4-4] 「プロジェクト」のエミュレータ・実機での実行 …… 59

第5章 「Bottom Navigation Activity」プロジェクト
[5-1] プロジェクトの用意 …… 61
[5-2] ファイルのコピー&ペースト …… 63
[5-3] ソースのコーディング …… 65
[5-4] 「プロジェクト」のエミュレータ・実機での実行 …… 68

第6章 「Fragment + ViewModel」プロジェクト
[6-1] プロジェクトの用意 …… 70
[6-2] ファイルのコピー&ペースト …… 72
[6-3] ソースのコーディング …… 74
[6-4] プロジェクトのエミュレータ・実機での実行 …… 77

第7章 「Fullscreen Activity」プロジェクト
[7-1] プロジェクトの用意 …… 78
[7-2] ファイルのコピー&ペースト …… 80
[7-3] ソースのコーディング …… 82
[7-4] プロジェクトのエミュレータ・実機での実行 …… 86

第8章 「Master/Detail Flow」プロジェクト
[8-1] プロジェクトの用意 …… 87
[8-2] ファイルのコピー&ペースト …… 89
[8-3] ソースのコーディング …… 90
[8-4] プロジェクトのエミュレータ・実機での実行 …… 95

第9章 「Navigation Drawer Activity」プロジェクト
[9-1] プロジェクトの用意 …… 97
[9-2] ファイルのコピー&ペースト …… 99
[9-3] ソースのコーディング …… 101
[9-4] プロジェクトのエミュレータ・実機での実行 …… 104

第10章 「Tabbed Activity」プロジェクト
[10-1] プロジェクトの用意 …… 105
[10-2] ファイルのコピー&ペースト …… 107
[10-3] ソースのコーディング …… 108
[10-4] プロジェクトのエミュレータ・実機での実行 …… 111

第11章 「Cyberdelia Engine」の使い方
[11-1] 背景の追加 …… 113
[11-2] キャラクタに地面の上を移動させる …… 117
[11-3] アニメーションするキャラクタの追加 …… 121

索引 …… 126

「サンプル・ファイル」のダウンロード

本書の「サンプル・ファイル」(KotlinOpenGLSamples.zip)は、工学社ホームページのサポートコーナーからダウンロードできます。

<工学社ホームページ>

http://www.kohgakusha.co.jp/support.html

ダウンロードしたファイルを解凍するには、下記のパスワードを入力してください。

jzmT4cS4au24

すべて「半角」で、「大文字」「小文字」を間違えないように入力してください。

第1章

Androidと3D

この章は、「Google」が開発したスマートフォンOS「Android」や、「Android」で動くアプリを作るための統合開発環境「Android Studio」について解説する章です。

また、本書では特に「Android」で動く「3Dアプリ」を作るので、3Dについての基礎知識も解説します。

1-1 Androidについて

この節で解説するのは、「Google」が開発したスマートフォンのOS「Android」についてです。

1 「Android」とは

「Android」は「Apple」社のスマートフォン、「iPhone」に対抗して作られたスマートフォンの「OS」で、「Google」が開発しました。

※「OS」とは「オペレーティング・システム」の略で「基本ソフト」などと訳されます。

「Android OS」を搭載したスマートフォン

「Google」は、「Android」を世界中のスマートフォン・メーカーに、「オープン・ソース」で無料公開して、各メーカーはそれをカスタマイズして、独自のインターフェイスでスマートフォン端末に載せて販売しています。

そのせいで「Android OS」がバージョンアップしても、各メーカーが対応しないと「Android OS」をアップグレードできないこともありました。

最近では、「iPhone」のほとんどの端末で共通の「iOS」をバージョンアップできるように、Googleが開発したままの「Android」のインターフェイスで販売されてもいます。

そのおかげで「Pixel」シリーズなどのスマートフォンは、最新の「Android OS」のバージョン10にアップグレードすることもできます。

一説には「Google」が、初期の頃でも、100億円以上もかけて「Android OS」を開発して無償で公開したのは、「Android」でGoogle検索をしてもらって広告費を稼ぐためです。

また「Google」は世界中の人が作ったアプリの公開や販売にも手数料をほとんどとらず、サービスを利用させてくれています。

Android OSは「Linuxカーネル」や「OSS」(オープンソース・ソフトウェア)がベースです。

2 「Android」の機能

「Android」には以下のような機能が搭載されています。

・「ディスプレイ」の画面には絵などを表示する。
・「タッチ・インターフェイス」で画面を触ってアプリを操作する。
・「スピーカー」で音を出す。
・「マイク」を使って、電話などで音を拾う。
・「ジャイロスコープ」(=「物体の角度」(姿勢)や「角速度」あるいは「角加速度」を検出する計測器ないし装置)
・「GPS」(=アメリカ合衆国によって運用される「衛星測位システム(地球上の現在位置を測定するためのシステムのこと)
・「加速度センサ」(=物体の「加速度」を計測する機器)。
・画面下部に配置された、「戻るボタン」「ホーム・ボタン」「マルチタスク・ボタン」による各操作を実行できる「ナビゲーション・バー」。
・「Wi-Fi」で「無線LAN」につないでインターネットにアクセスする。
・「Bluetooth」を使った近距離の無線接続。

3 Androidアプリ

「Android OS」上では、「アプリ」を実行することで、さまざまな機能をもった「ソフト」が動作します。

「電話アプリ」では、音声だけでなく、「テレビ電話」で「映像」も見ることができます。

「カメラ・アプリ」では「写真」が撮れます。
さらに、たくさんの機能をもった「カメラ・アプリ」も増えました。
「望遠カメラ」や、写真を加工したり、撮った顔を他の生き物のように変形したりできる「カメラ・アプリ」など、さまざまなものがあります。

「ブラウザ・アプリ」では、インターネットでパソコンと同じ「HTML5」で作られたWebサイトが見れます。

「メールアプリ」では、パソコンと同じように「Eメール」を送受信したり、写真を添付したりできます。

もう定番になった「LINEアプリ」なら、メッセージが無料でやり取りできます。

そして「Google Playアプリ」で無料や有料や課金制のアプリをダウンロードしてAndroid端末に世界中のアプリをインストールすることも可能です。

1-2 「Android Studio」について

この節では「Android OS」で動く「スマートフォン・アプリ」を開発するための「IDE」(統合開発環境)「Android Studio」について解説します。

1 「Android Studio」とは

「Android Studio」は、「Google」が開発した「Android OS」上で動く「スマートフォン・アプリ」を作るためのIDEで、無償で利用可能です。

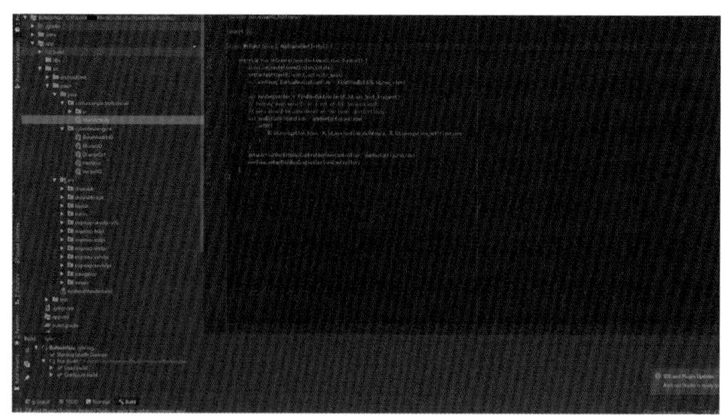

「Android Studio」の画面

もともとは「JetBrains」社が開発したIDE「IntelliJ IDEA」がベースになっていて、「Androidアプリ」の開発に最適化されています。

＊

「Android Studio」のインストール方法は、**第2章**で解説します。

「Android Studio」が登場する以前までは、「Eclipse」というIDEに「プラグイン」をインストールする形でAndroidアプリを開発していました。

しかし、もっと敷居を低くするために、「Android Studio」が満を持して登場したのです。

本書では「Windows10」で「Android Studio」を使いますが、「macOS」や「Linux」でも同じように操作できるでしょう。

ただし、本書では、「3Dアセット」を作るには「Windows10」が必要です。

2　開発言語

最初「Androidアプリ」はプログラミング言語「Java」(ジャバ)で開発されていました。

「Android Studio 3.0」が公開(2017年10月)されてからは、「Java言語」を改良したプログラミング言語「Kotlin」(コトリン)も使われるようになります。

「Kotlin」はモダンな設計で、無駄を省いた文法です。

本書も、「Kotlin」でプログラミングしていきます。

本書では扱いませんが、プログラミング言語「C++」も使ってより高速に処理できるようにする、「NDK」(ネイティブ・デベロップメント・キット)という機能もあります。

これは、特に「3D」や「2D」のゲーム開発で処理を高速化したい場合に用いることが多いようです。

3　「Android Studio」の機能

「Android Studio」では、「プロジェクト単位」で1つずつのアプリが開発できます。

プログラミングのための「エディター」が搭載されています。

また、見た目の「UI」(ユーザー・インターフェイス)を編集するための、「エディター」も搭載。

　プログラミングした「コード」は「実行形式のアプリ」にビルドします。
　プレビューするための「エミュレータ」も呼び出すことができます。

　「SDK」(ソフトウェア開発キット)をダウンロードするためのマネージャーが搭載されています。

　「Androidアプリ」のファイルである「apkファイル」に書き出すための「署名機能」も搭載されているのです。

　つまり「Android Studioだけで、ほとんどすべてのことを完結させることができます。

　ただし、「3Dのコンテンツ開発」には「3Dデータ」や「テクスチャ」の「画像データ」もアセットとして必要です。

*

※「テクスチャ」とは3Dの表面に貼る“シール”のような模様などの画像のことです。

4 「Kotlinについて」

　「Kotlin」は「JetBrains」社のアンドリー・ブレスラフ、ドミトリー・ジェメロフが開発した、最新の「静的型付けのオブジェクト指向プログラミング言語(「型付け」とはプログラムが変数の型などオブジェクトの構造に関する整合性を検査する機能で、それをコンパイル時に検査する言語のこと)」です。
　「Kotlin」でプログラミングすれば、より質の高いAndroidアプリをより速く記述でき、生産性と開発者の満足度を高められます。

　「Kotlin」の最新式の豊富な言語機能を使用すると、ボイラープレートコード(同じような繰り返し記述されたコード)の記述に費やす時間を減らして、アイデアを具体化する作業に集中できます。
　記述するコードが少なければ少ないほど、コードのテストとメンテナンスも楽です。

「Kotlin」の型システムには、NullPointerException(何もないアドレスを指すエラー)の発生を回避するための@Nullable型と@NonNull型が組み込まれています。

「Kotlin」にはプログラミングによくあるミスを防ぐために役立つ言語機能が他にも数多く用意されています。

これらによりアプリの品質を向上させられます。

「Kotlin」からJavaのコードを呼び出すことも、Javaのコードから「Kotlin」を呼び出すことも可能です。

「Kotlin」はJavaプログラミング言語と完全な相互運用性があるので、プロジェクトで必要な分だけ「Kotlin」で記述することができます。

1-3 「3D」について

この節では「3D」について解説します。

「3D」は、主に「モデリング」「アニメーション」「レンダリング」「シェーダー」の機能を使います。

1 「3D」とは

「3Dプログラミング」において、以前まで高校数学でも習っていた「ベクトル」と「行列」は、必須の知識です。

ただし、たいていのライブラリでは、その「クラス」や「メソッド」や「変数」などが用意されているので、プログラマー1人1人が「車輪の再発明」をする必要はなく、用意されたものを使うだけで「3Dプログラミング」ができます。

*

「3Dプログラミング」では、「プロジェクション行列」で「遠近感」や「クリッピング」(=「近く」と「遠く」の見える範囲の限定)をします。

「遠近感」には、(A)遠くに行くほど小さくなる「Perspective」(パースペクティブ)と、(B)遠くに行っても大きさが変わらない「Ortho」(オルゾー)があります。

遠近感のある「パースペクティブ」

遠近感のない「オルゾー」

次に「ビュー行列」があって、映画で言う「カメラの視点」と「注視点」と「上向きベクトル」を元に、カメラ視線を表現します。

ここで「カメラ」と言いましたが、「3Dプログラミング」ではカメラが移動するのではなく、シーン全体のほうが「カメラ・データ」を元に移動するのです。

カメラで視線を向ける

それから「モデル(ワールド)行列」でモデルの姿勢やアニメーションを「ボーン変形」するなどします。

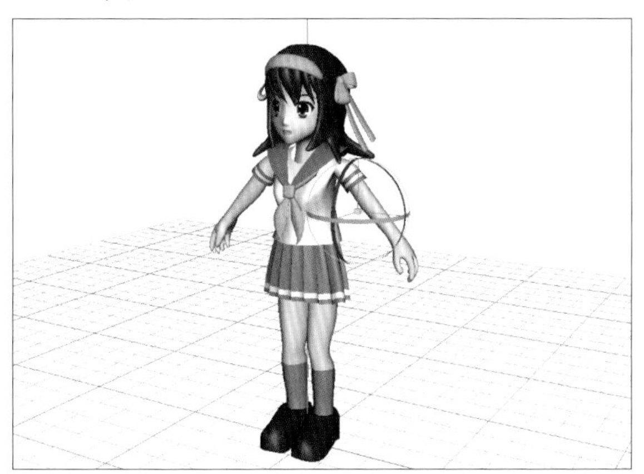

モデルのポーズを変形

*

以上の「プロジェクション行列」と「ビュー行列」と「モデル(ワールド)行列」を乗算して、「3Dモデル」の「3D頂点データ」を「3Dシーン」に描画します。

この際に、「マテリアル」(色などの材質)によって、ピクセルの色が決まります。

*

また、「2D-CG」が主に「線」と「塗りつぶし」のみで表現されるのに対し、

「3D-CG」は「Polygon」(ポリゴン)を何千何万と組み合わせて構成されます。
他にも「Vertex」(バーテックス、頂点)のみや「Line」(ライン、線分)のみでも表示可能です。

特に「ライン」のみのものを、「**ワイヤー・フレーム**」とも言います。

「頂点」のみで「3Dモデル」を描画

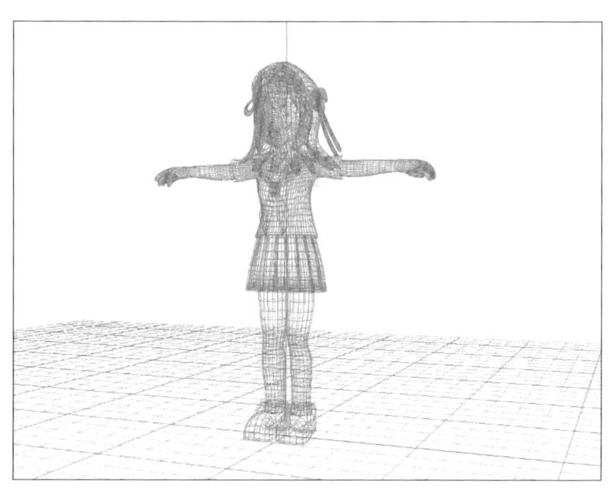

「線分」のみで「3Dモデル」を描画した「ワイヤー・フレーム」

2 モデリング

「モデリング」とは、「3D空間」に「頂点」や「ライン」や「面」を、追加・編集・削除――などして、3Dの「オブジェクト」を作る作業のことです。

「モデリング」するための3D-CGツールを「モデラー」と言います。
特に「多角形ポリゴン」で「3Dオブジェクト」を作るモデラーを、「**ポリゴン・モデラー**」と言います。

3 3Dアニメーション

「3Dアニメーション」には大きく分けて、3つの動かし方があります。
「リジッドボディ・アニメーション」「ボーン・アニメーション」「モーフ・アニメーション」――の3つです。

「**リジッドボディ・アニメーション**」は、ロボットのように、関節が分離している「剛体」(ごうたい)を曲げる仕組みです。

「ボーン・アニメーション」は、その名のとおり「ボーン」(骨)を曲げたら皮膚が引っ張られて変形する仕組みです。

「**モーフ・アニメーション**」は、たとえば顔の表情を2つ作ります。
「普通の顔」と「笑顔」を作って、この2つを「モーフ・アニメーション」させると、徐々に「笑顔」になったりする仕組みです。

---

4 レンダリング

「レンダリング」とは「3Dデータ」を元に、「2次元」である画面に「3D計算」して「3D-CG」を描画する機能のことです。

「レンダリング」には大きく分けて2つあります。
(a)「リアルタイム・レンダリング」と(b)「プリ・レンダリング」です。

＊

「**リアルタイム・レンダリング**」は、ゲームのように、どういう絵になるか決まっていない場合、即座に「3D描画」する「3D計算」のことです。

1秒間に30回とか60回の描画をするので、簡易的な「3D計算」をしますが、工夫次第で高度なクオリティで描画することもできます。

ポリゴン・モデラーも「リアルタイム・レンダリング」で「3Dビュー」を描画します。

「**プリ・レンダリング**」は、映画やアニメのように、この先どうなるか決まっている絵を描画するのに、1コマを1時間も1日もかけて「レンダリング」する3D計算のことです。

「時間」はかかりますが、「リアルタイム・レンダリング」より詳細に膨大な3D計算をするので、実写のような、リアルな「レンダリング」もできます。

5 シェーダー

「シェーダー」とは、「頂点」の移動をしたり、「マテリアル」(材質)を計算したりするのに特化した「プログラム」です。

主に「頂点シェーダー」と「フラグメント・シェーダー」があります。

「**頂点シェーダー**」は、「頂点」を「モデル・ビュー・プロジェクション行列」で変形させたり、「ボーン変形」させたり、「3D計算」します。

*

「**フラグメント・シェーダー**」は、「頂点」「ライン」「ポリゴン」の色を決める3D計算をします。

1-4 「OpenGL ES」について

この節ではパソコンで動く「OpenGL」と、「Android OS」で動作するスマートフォンの3Dアプリを開発するための「OpenGL ES」シリーズについて解説します。

1 「OpenGL」とは

「Windows」や「macOS」や「Linux」などのPCから、「iOS」や「Android」などのスマートフォンまで、さまざまなハードウェアでリアルタイムに「レンダリング」する3D-CGを表現するのを手助けするのが、「OpenGL」(Open Graphics Library、オープン・ジー・エル)です。

「OpenGL」は、「Khronos」(クロノス)グループが策定している「グラフィックス・ハードウェア」の「API」(アプリケーション・プログラミング・インタフェイス:ライブラリなどの、プログラミングするのに役立つプログラム群)です。

「Windows」や「macOS」や「Linux」などのパソコンでは「OpenGL 4.6」まであります。

「DirectX」(Microsoftの3D機能)がWindowsのみに対応しているのに対し、「OpenGL」はさまざまな端末で動作するように移植されています。

名前の通り「オープン・ソース」(元になるソースプログラムを公開している状態)で公開されています。

2 「OpenGL ES」とは

「iOS」や「Android」などの**モバイル端末**では、「OpenGL ES」(OpenGL for Embedded Systems、オープンジーエル・フォア・エンベッディド・システムズ)という「OpenGL」をシンプルにした「ライブラリ」が搭載されていて、「OpenGL ES 3.2」まであります。

ただし、「macOS」や「iOS」や「iPadOS」では、今後「OpenGL」や「OpenGL ES」

は廃止されて、「Metal」(Appleの新3D機能)のみになるとアナウンスされています。

Column 「macOS」で「Android Studio」

「macOS」や「iOS」や「iPadOS」で「OpenGL」や「OpenGL ES」が使えなくなるとアナウンスがあった、と書きました。

それでは「macOS」上で「Android Studio」を使って「OpenGL ES」シリーズの「3Dコンテンツ」を作れなくなると思いましたか？

そんな心配はありません。
もちろん「エミュレータ」は「macOS」上では動かなくなります。
でも、その代わり「Android実機」での「テスト」は今までどおりにできるので大丈夫です。

「macOS」で「Android Studio」

3 「OpenGL ES」のバージョン

「OpenGL ES」が「Android」と共にどのようにバージョンアップしていったか見てみましょう。

「Android」と「OpenGL ES」の対応バージョン

Androidバージョン	年月日	APIレベル	3D機能
1.0	2008年09月23日	1	OpenGL ES 1.0と1.1
1.1	2009年02月09日	2	
1.5	2009年04月27日	3	
1.6	2009年09月15日	4	
2.0-2.1	2009年10月26日	5-7	
2.2-2.2.3	2010年05月20日	8	OpenGL ES 2.0
2.3-2.3.7	2010年12月06日	9-10	
3.0-3.2.6	2011年02月22日	11-13	
4.0-4.0.4	2011年10月18日	14-15	
4.1-4.2.2	2012年06月27日	16-17	
4.3-4.3.1	2013年07月24日	18	OpenGL ES 3.0
4.4-4.4.4	2013年10月31日	19-20	
5.0-5.1.1	2014年11月12日	21-22	OpenGL ES 3.1
6.0-6.0.1	2015年10月05日	23	
7.0-7.1.2	2016年08月22日	24-25	OpenGL ES 3.2、Vulkan 1.0(ヴァルカン)
8.0-8.1	2017年08月21日	26-27	
9.0	2018年08月06日	28	Vulkan 1.1
10.0	2019年09月03日	29	

「APIレベル」は「Android SDK」のバージョンを表わします。

「Android SDK」とは、「Android」を開発するための「ソフトウェア開発キット」(ソフトウェア・デベロップメント・キット)のことです。

本書で扱う「OpenGL ES 3.2」は、「Android7.0」で搭載されたので、「最小のAPIレベル」を、「APIレベル24」にしなければなりません。

1-5 「使用ソフトウェア」や「PCのスペック」について

この節で解説するのは、本書で使うライブラリ「Cyberdelia Engine」や、3Dツール「Metasequoia」「Vixar TransMotion」と、パソコンのスペックについてです。

1 Cyberdelia Engine

本書では「OpenGL ES 3.2」を簡単に扱えるように、「Cyberdelia Engine」という「**3Dライブラリ**」を用意しています。

こちらが「公式サイト」で、無料でダウンロードできます。

```
https://engine.cyberdelia.net/
```

申し訳ないのですが、「ライブラリ」の中身までは本書で解説していないので、「OpenGL ES 3.2」を詳しく知りたいなら、自力で「Cyberdelia Engine」の中身を解析してみてください。

2 ポリゴン・モデラー

「ポリゴン・モデラー」には「Metasequoia」など「mqoファイル」が書き出せるツールが必要です。

```
https://www.metaseq.net/jp/
```

「Metasequoia」の画面

「Metasequoia」は、ユーザー登録していなくても「mqoファイル」に書き出せるので、一部の機能以外は無料で使うことができます。

Column mqoファイル

「mqoファイル」は「Metasequoia」でしか書き出せないと思われるかもしれません。

実は他の「ポリゴン・モデラー」でも、いくつか「mqoファイル」に書き出せる「ツール」があります。

「お手本Creator」
「Xismo」
「3D Ace」
「MarbleCLAY」

などです。

また、最近の「Metasequoia」では「mqozファイル」がデフォルトのフォーマットですが、本書では「mqoファイル」に書き出して、「Vixar TransMotion」は「mqoファイル」を読み込む必要があります。

mqoファイル

3 3Dアニメーションツール

「ボーン・アニメーション」させるには、筆者が開発した「Vixar TransMotion」という無料の「3Dアニメーションツール」が必要です。

https://vixar.jp/transmotion/

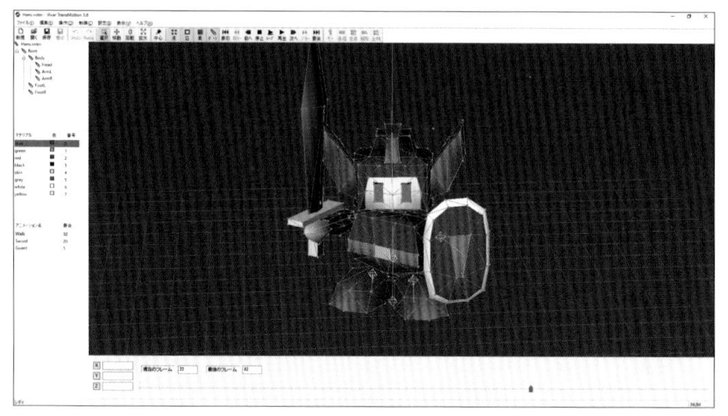

「Vixar TransMotion」の画面

4 動作に必要なパソコン環境について

「Windows10」が快適に動作するパソコンなら、「Android Studio」で開発ができると思います。

特に「3Dアプリ」を開発するので、高性能な「グラフィックス・ボード」があると、「エミュレータ」でさらに快適にデバッグ可能です。

「グラフィックス・ボード」が古くても、実機でのみ動作検証するなら、「Android 7.0」以降の、ハイエンドなスマートフォンがあれば、デバッグできます。

動作に必要なパソコンのスペック

OS	Windows10
プロセッサ	Intel Core i5以上
メモリ	8GB以上
グラフィックス・ボード	OpenGL4.6に対応していること
画面解像度	1280×800以上
ハードディスク	4GB以上の空き領域

5 筆者のパソコン環境について

筆者が開発に使ったパソコンの環境について書きます。

筆者が開発に使ったパソコンのスペック

パソコン	iMac 2019 (BootCamp)
OS	Windows10 Pro 64ビット バージョン 1909
プロセッサ	Intel Core i5-8500
メモリ	15.9GB
グラフィックス・ボード	Radeon Pro 560X
画面解像度	21インチ 4K 4096×2304
ハードディスク	SSD 512GB

第2章 「Android Studio」のセットアップ

この章では、「Androidアプリ」を開発するのに使うIDE「Android Studio」をダウンロードし、インストールして、設定します。

2-1 「Android Studio」のセットアップ

この節では「Android Studio」をダウンロードして、インストールします。

1 「Android Studio」のダウンロード

手順 「Android Studio」をダウンロードする

[1] ブラウザで「Android Studio」をダウンロードするため、以下のアドレスにアクセス。

https://developer.android.com/studio?hl=ja

※もしかすると、今後アドレスが変わる可能性もあるので、その場合は「Android Studio ダウンロード」などで検索して探してください。

[2] 「Webサイト」で「DOWNLOAD ANDROID STUDIO」ボタンをクリックすると、「利用規約」が出てくるので、同意するなら、チェックボックスを「オン」にして、「ダウンロードする:ANDROID STUDIO(WINDOWS用)」をクリック。

[3] ダウンロードした「android-studio-ide-(バージョン)-windows.exe」を実行。

2 「Android Studio」のセットアップ

手 順 「Android Studio」のセットアップをする

[1]「Android Studio Setup」のダイアログが出たら「Next」をクリック。

「Android Studio」のインストールの開始

[2]「Choose Components」のダイアログでデフォルト設定のまま「Next」をクリック。

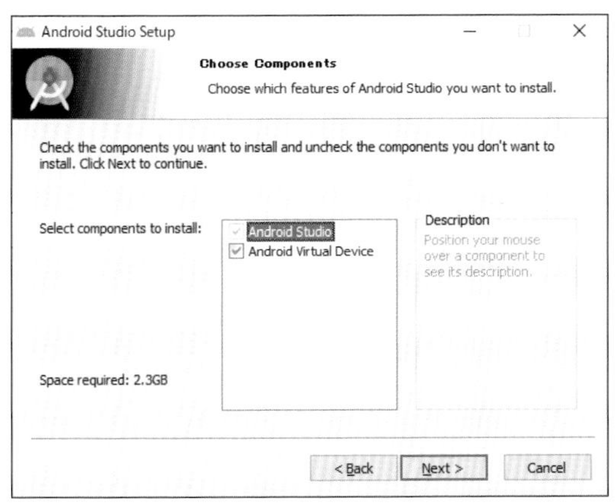

「Android Studio」のコンポーネントの選択

[3] 「Configuration Settings」のダイアログでデフォルト設定のまま「Next」をクリック。

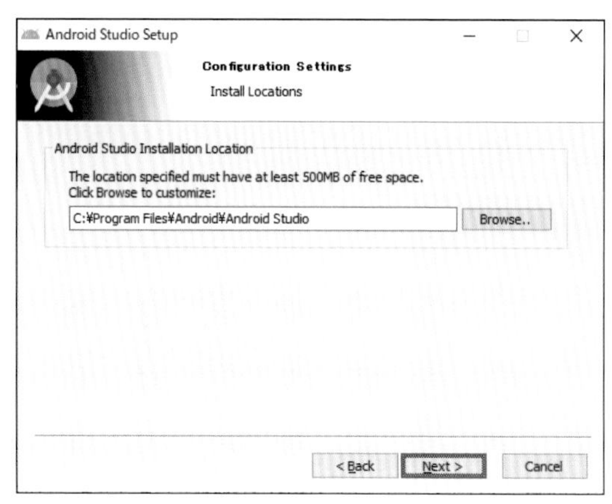

「Android Studio」の設定

[4] 「Choose Start Menu Folder」のダイアログでデフォルト設定のまま「Install」をクリック。

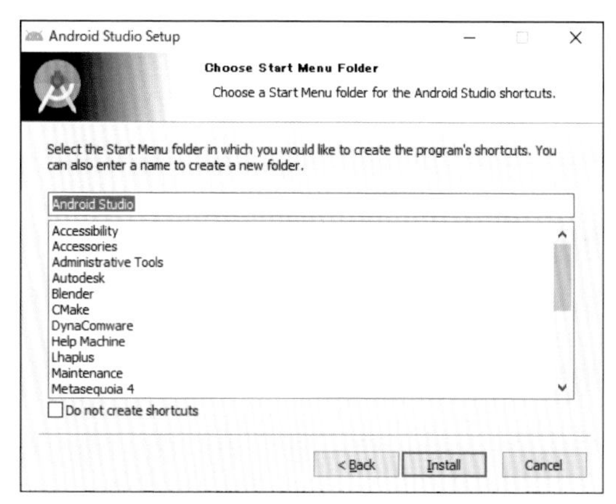

「Android Studio」のメニューフォルダの選択

[5]「Installing」のダイアログでインストールが終わったら「Installation Complete」になるので「Next」をクリック。

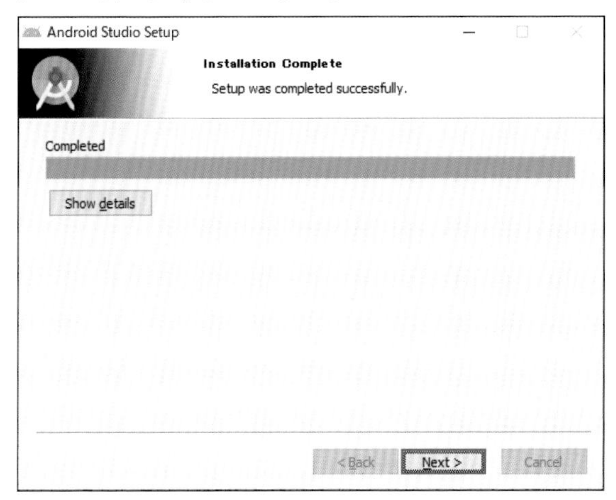

「Android Studio」のインストール

[6]「Completing Android Studio Setup」のダイアログで「Start Android Studio」のチェックを「オン」にしたまま「Finish」をクリック。

「Android Studio」のセットアップの終了

2-2 「Android Studio」の初期設定

この章では「Android Studio」を初期設定します。

1 「Android Studio」の初期設定

手順 「Android Studio」の初期設定をする

[1]「Android Studio」が起動していない場合は、起動させてください。

[2]「Import Android Studio Settings From」のダイアログが出たら「Do not import settings」のまま「OK」をクリックします。

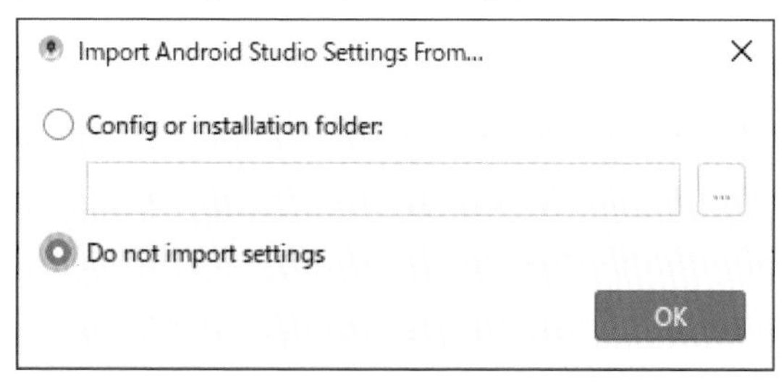

「Android Studio」の設定を引き継がない

[3]「Data Sharing」のダイアログが出たら、データを共有するか、いずれかのボタンをクリック。

Data Sharing

Allow Google to collect anonymous usage data for Android Studio and its related tools—such as how you use features and resources, and how you configure plugins. This data helps improve Android Studio and is collected in accordance with Google's Privacy Policy.

Data sharing preferences apply to all installed Google products.

You can always change this behavior in Settings | Appearance & Behavior | System Settings | Data Sharing.

Send usage statistics to Google　Don't send

データ共有

[4]「Android Studio Setup Wizard」のダイアログが出たら「Next」をクリック。

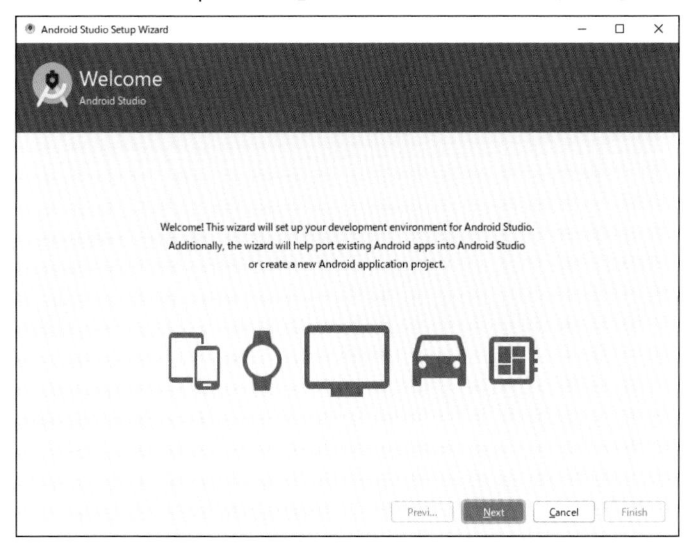

「Android Studio」セットアップウィザード

[5]「Install Type」のダイアログが出たら「Standard」のまま「Next」をクリック。

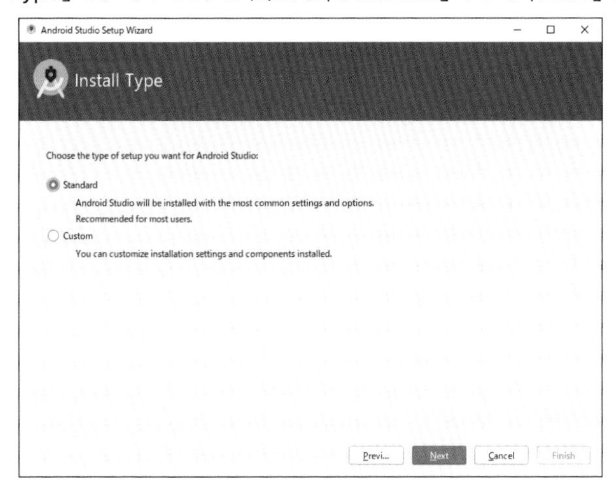

「Android Studio」インストールタイプ

[6]「Select UI Theme」のダイアログが出たら「Darcula」を選んで「Next」をクリック。

「Light」のままでもかまいません。

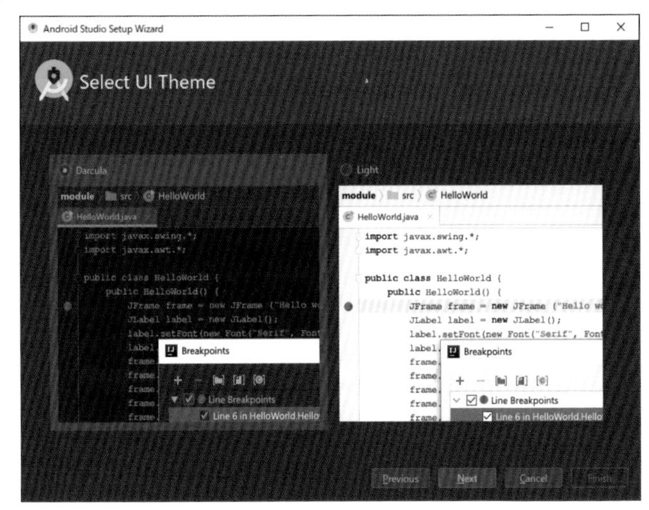

「Android Studio」の「UIテーマ」の選択

[7]「Verify Settings」のダイアログが出たら「Finish」をクリック。

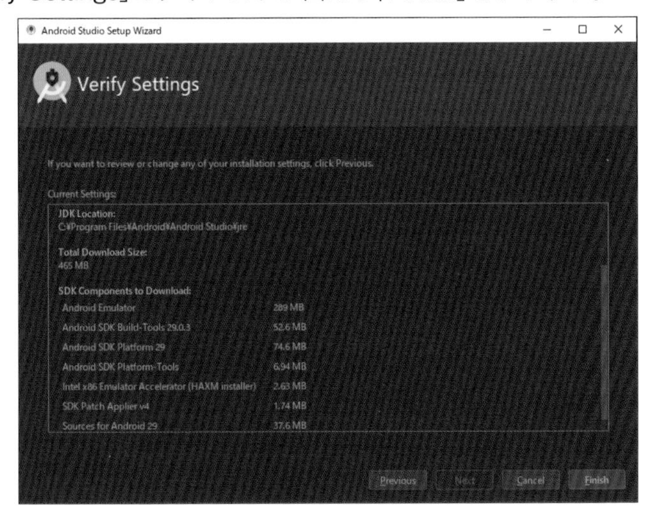

「Android Studio」の設定終了

[8]「Downloading Components」のダイアログが出てダウンロードが終了したら、「Finish」をクリック。

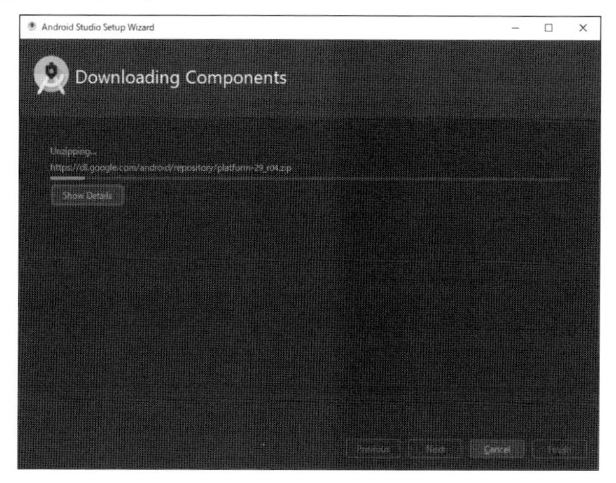

「Android Studio」のコンポーネントのダウンロード

2-3 「Android Studio」の設定

この章では「Android Studio」を設定します。

1 「Android Studio」の新規プロジェクト

「Android Studio」の設定をするために、その前に「テンプレート・プロジェクト」を作ります。

[1]「Android Studio」が起動していない場合は、起動させてください。

[2]「Welcome to Android Studio」のダイアログが出たら「Start a new Android Studio project」をクリック。

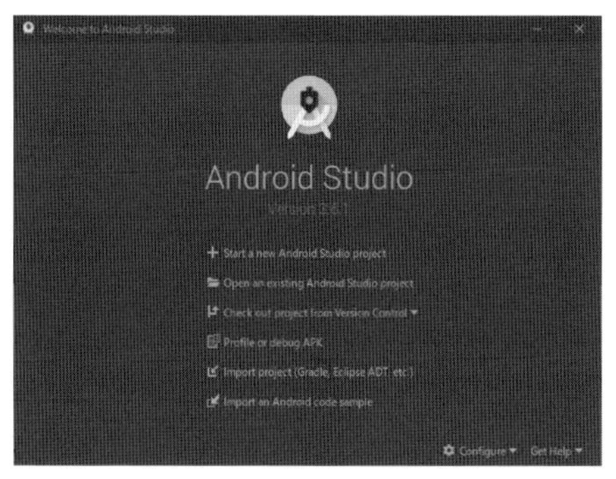

「Android Studio」の新規プロジェクト

[3]「Select a Project Template」のダイアログが出たら「Empty Activity」を選び、「Next」をクリック。

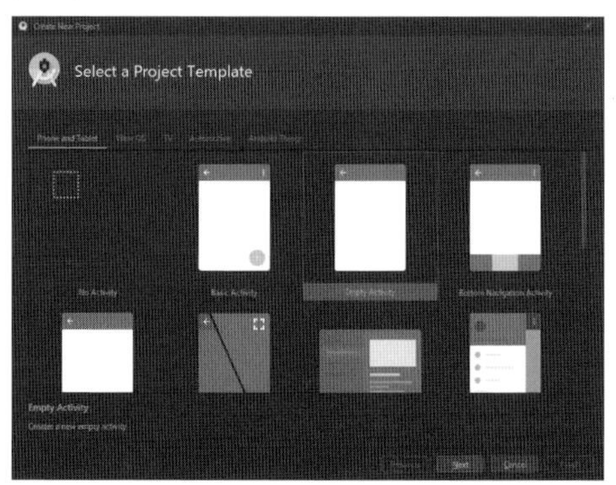

「Android Studio」の「テンプレート・プロジェクト」

[4]「Configure Your Project」のダイアログが出たらデフォルトのまま「Finish」をクリック。

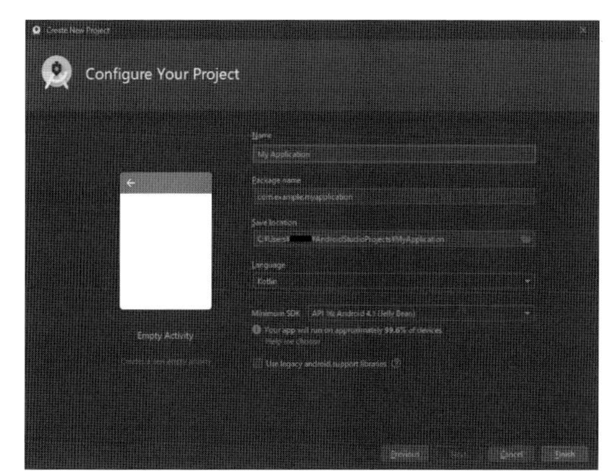

「Android Studio」のプロジェクトの設定

2 「Android Studio」の設定

「Android Studio」で、「Android アプリ」を開発するためのキット「Android SDK」をダウンロードして設定します。

また、「エミュレータ」をどのメーカーの「Android 実機」のものにするか設定します。

[1]「Android Studio」でいろいろとダウンロードや設定が始まるので、「Build」タブをクリックし、終了するまで数十分待ちます。

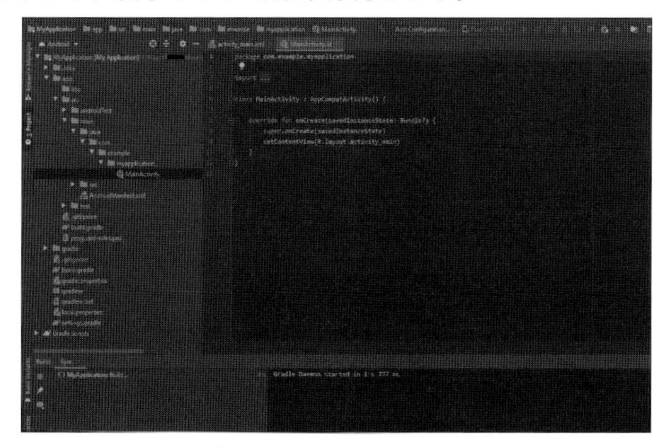

「Android Studio」の画面

[2] ツールバーで「AVD Manager」をクリック。

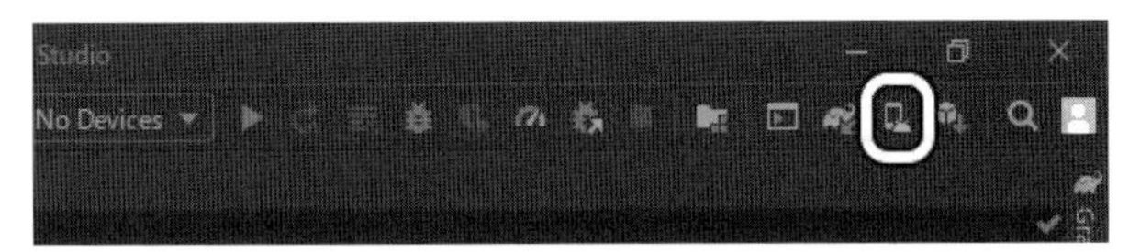

「Android Studio」の「AVD Manager」

[3] ツールバーで「＋ Create Virtual Device」をクリックし、エミュレータを作る。

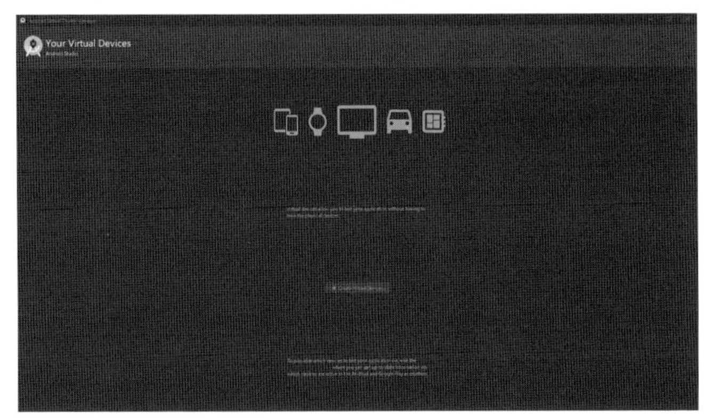

「Android Studio」の「エミュレータ」の作成

[4] 「Phone」「Pixel 2」を選び、「Next」をクリック。

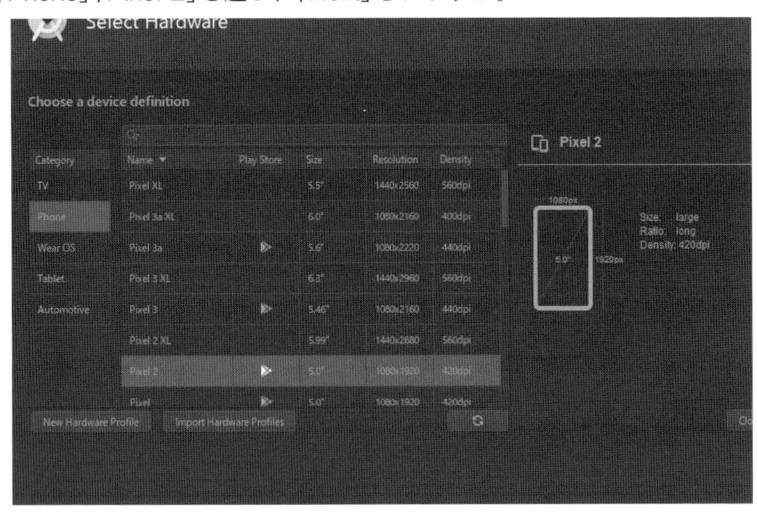

「Android Studio」の「エミュレータ」の選択

[5]「API Level 29」の「Download」をクリック。

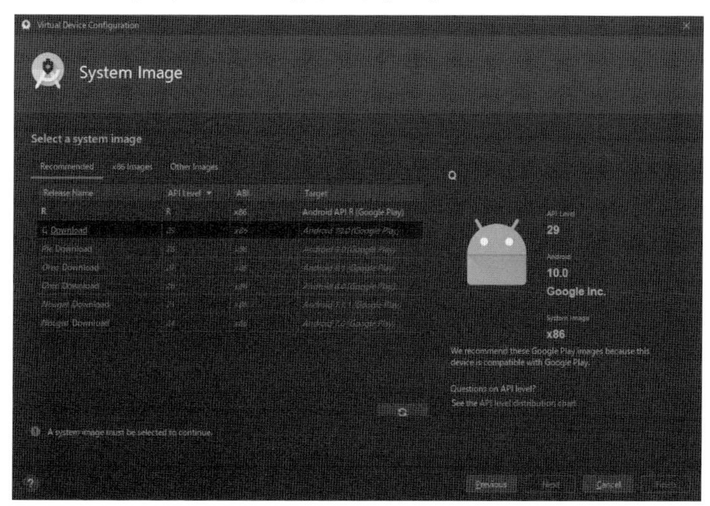

「Android SDK」の選択

[6]規約に同意するなら「Accept」を選択し、「Next」をクリック。

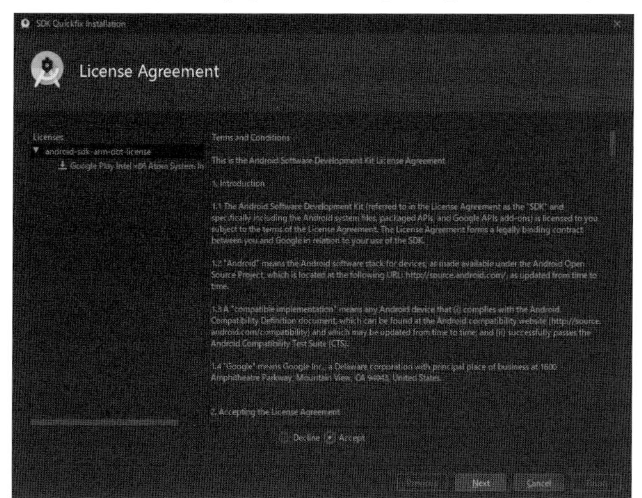

「SDK」のダウンロード

[7]「Component Installer」でダウンロードが終了したら「Finish」をクリック。

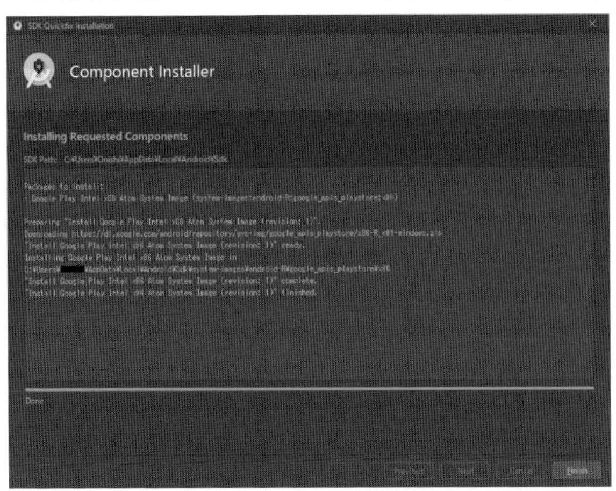

「SDK」のダウンロードの終了

[8]「System Image」で「Next」をクリック。

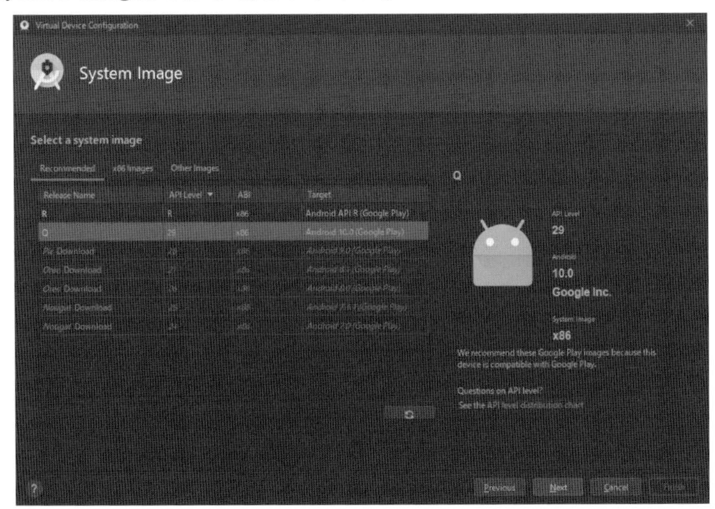

System Image

[9]「Android Virtual Device」(AVD)で「Finish」をクリック。

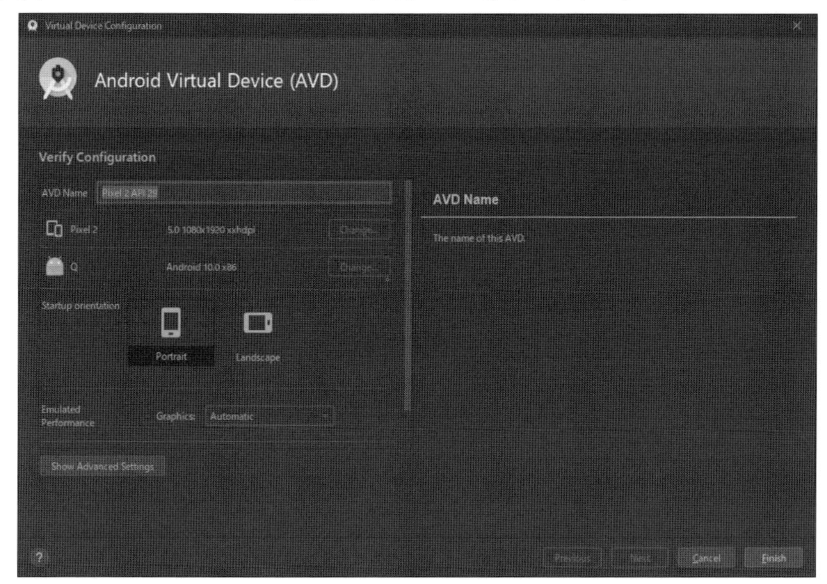

「エミュレータ作成」の終了

3 「Run実行」し、「エミュレータ」起動

「エミュレータ」とは、「Android実機」と同じ動作を、パソコン上でシミュレートできる「仮想デバイス」のことです。

手順 「エミュレータ」を起動させる

[1]「Android Studio」で「2-3-2」で作った「エミュレータ」が選択されていることを確認し、「Run」をクリック。

エミュレータ実行

[2] エミュレータが起動してアプリが実行されたことを確認します。

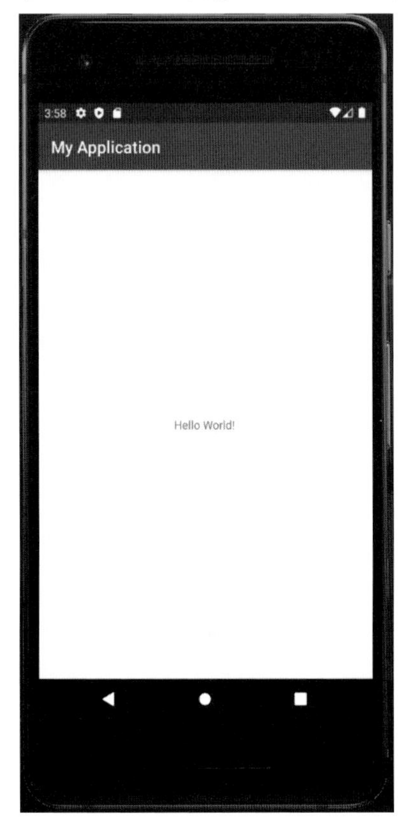

エミュレータの画面

> ※エミュレータで「OpenGL ES 3.2」を実行するには、「HAXM」を有効にする必要がありますが、もしかすると、そのためには「Hyper-V」を「オン」にしなければならないかもしれません。

第3章

「Empty Activity」プロジェクト

この章では、「テンプレート・プロジェクト」の「Empty Activity」を作って、カラの「Activity」のメイン画面に「3Dビュー」を表示します。

3-1 「プロジェクト」の用意

この節では、「プロジェクト・テンプレート」の「Empty Activity」を作ります。

1 「プロジェクト」の用意

手順 「プロジェクト」の用意

[1] 「Android Studio」を実行。

[2] 「File」→「New」→「New Project」メニューを実行。

[3] 「Empty Activity」を選び、「Next」ボタンをクリック。

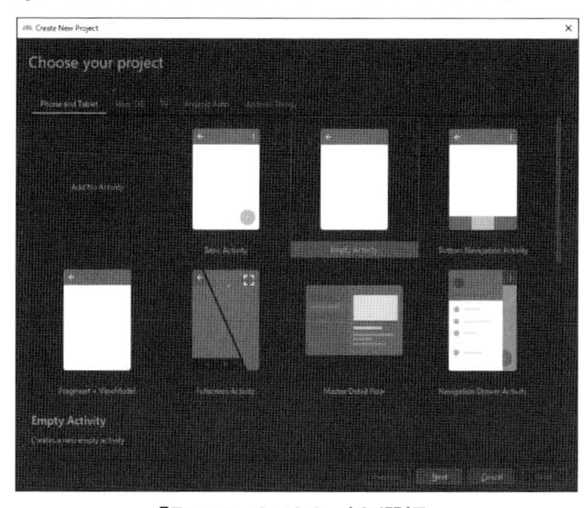

「Empty Activity」を選択

[4]「Name」を「EmptyActivity」に、「Package name」を「com.example.emptyactivity」に、「Save location」を「C:¥Users¥(ユーザー名)¥AndroidStudioProjects¥EmptyActivity」に、「Language」を「Kotlin」に、「Minimum API level」を「API 24: Android 7.0(Nougat)」にして、「This project will support instant apps」のチェックが外れていることを確認し、「Finish」ボタンをクリック。

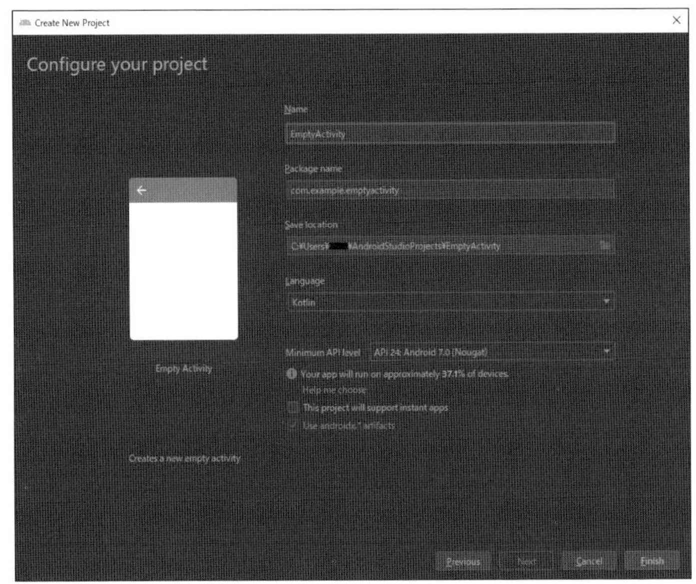

プロジェクトを設定

※ここで「Minimum API level」を「API 24: Android 7.0(Nougat)」にしたのは、「OpenGL ES 3.2」が動作する最小限のバージョンだからです。

2 「Project」に切り替え

画面左上で「Project」に切り替えます。

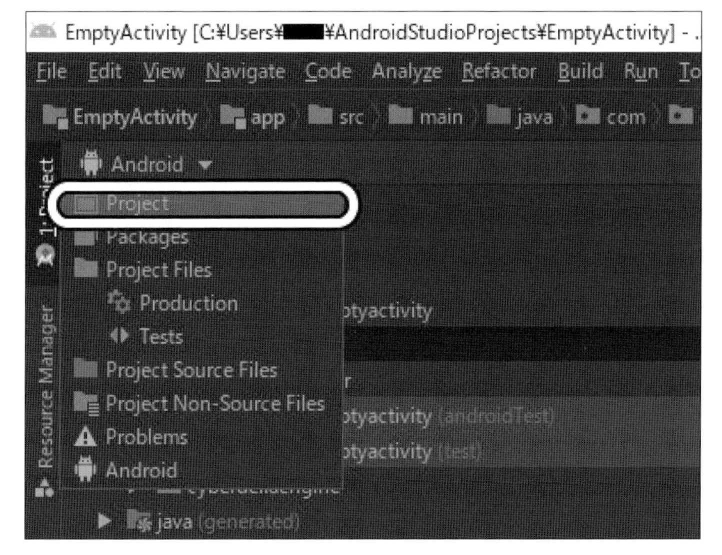

「Project」に切り替え

3 「Activity」とは

「Empty Activity」プロジェクトは、カラの「Activity」が1つだけ用意されたプロジェクトです。

「Activity」とは、1つの画面を構成する単位のようなものです。
複数の「Activity」を作れば、その「Activity」の画面に切り替えもできます。

3-2 ファイルのコピー&ペースト

この節では、プロジェクトに必要なファイルをコピー&ペーストします。

1 「Cyberdelia Engine」のダウンロード

「3Dビュー」に表示するためには、「Cyberdelia Engine」ライブラリが必要なのでダウンロードします。

手順 「Cyberdelia Engine」のダウンロード

[1] 以下のアドレスにアクセスしてください。

```
https://engine.cyberdelia.net/engine.html
```

[2] 「KotlinOpenGLes32_(バージョン).zip」をダウンロード。

[3] 「KotlinOpenGLes32_(バージョン).zip」を解凍してください。

2 「ソースファイル」のコピー&ペースト

ここでは、3Dライブラリ「Cyberdelia Engine」をコピー&ペーストします。

手順 「ソースファイル」のコピー&ペースト

[1] プロジェクト・フォルダ「C:¥Users¥(ユーザー名)¥AndroidStudioProjects¥EmptyActivity¥app¥src¥main¥java」を、「エクスプローラ」で開く。

プロジェクト・フォルダ

[2] 解凍した「KotlinOpenGLes32」フォルダの「app¥src¥main¥java」フォルダを開く。

「KotlinOpenGLes32」フォルダ

[3] プロジェクト・フォルダの「java」フォルダ内に、「cyberdeliaengine」フォルダをコピー&ペースト。

[4] プロジェクト・フォルダの「java¥com¥example¥emptyactivity」フォルダ内に、「com¥example¥kotlinopengles32¥MyGLRenderer.kt」ファイルをコピー&ペースト。

3 「リソース」のコピー&ペースト

ここでは「テクスチャ画像ファイル」をプロジェクトにコピー&ペーストします。

手順 「テクスチャ画像ファイル」をプロジェクトにコピー&ペースト

[1] プロジェクト・フォルダ「C:¥Users¥(ユーザー名)¥AndroidStudioProjects¥EmptyActivity¥app¥src¥main¥res¥drawable」を「エクスプローラ」で開く。

[2] 解凍した「KotlinOpenGLes32」フォルダの「app¥src¥main¥res¥drawable」フォルダを開く。

[3] プロジェクト・フォルダの「res¥drawable」フォルダに、「checkorange.jpg」「pantsbrown.jpg」ファイルをコピー&ペースト。

3-3 「ソース」のコーディング

この節ではソースにコーディングしていき、3Dビューをセットします。

1 MyGLRenderer.ktファイル

「MyGLRenderer.kt」ファイルがある階層を「package」で正しく変更します。

「package」を記述したファイルのある「java」フォルダからの階層と「package」に書かれた階層が、1対1で一致します。

手順 「MyGLRenderer.kt」ファイルがある階層を変更する

[1]画面左の「Project」から、「EmptyActivity¥app¥src¥main¥java¥com.example.emptyactivity¥MyGLRenderer」ファイルを、ダブルクリックで開く。

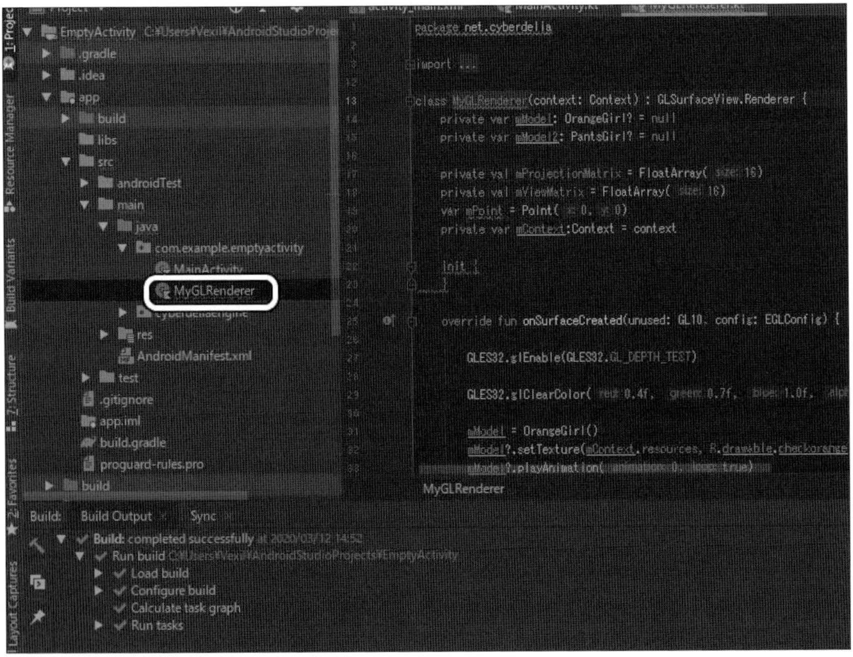

MyGLRendererファイルを開く

[2] 画面右のソースエディタで「package com.example.kotlinopengles32」を、「package com.example.emptyactivity」に書き換え。

2　MainActivity.ktファイル

「Activity」の中で、「Cyberdelia Engine」の「ビュー」をセットします。

「GLSurfaceView」クラスは「View」の派生クラスで、「Activity」や「Fragment」の「ビュー」を担当するクラスです。

「MyGLRenderer」は「GLSurfaceView.Renderer」クラスから派生し、「GLSurfaceView.Renderer」クラスは「OpenGL ES」シリーズの「3D描画」を担当します。

「GLSurfceView」のインスタンスに「GLSurfaceView.Renderer」のインスタンスを「setRenderer」メソッドでセットすれば、「ビュー」に「3D描画」できます。

手順　「Cyberdelia Engine」の「ビュー」をセット

[1] 画面左の「Project」から、「EmptyActivity¥app¥src¥main¥java¥com.example. emptyactivity¥MainActivity」ファイルをダブルクリックで開く。

[2] 画面右のエディタで、以下のようにコーディング。

```
----MainActivity.ktファイル----------------------
package com.example.emptyactivity

import android.graphics.Point//                                  ③
import android.opengl.GLSurfaceView//                            ④
import androidx.appcompat.app.AppCompatActivity
import android.os.Bundle
import android.view.MotionEvent//                                ⑤

class MainActivity : AppCompatActivity() {

    private var mGLView: GLSurfaceView? = null//                 ⑥
    private var mRenderer: MyGLRenderer? = null//                ⑦
```

③(x,y) 座標を持つ「Point」クラスが扱えるようにインポート。
④OpenGL ESのビューを使う「GLSurfaceView」クラスが扱えるようにインポート。

⑤画面を触ったときなどに呼ばれる「MotionEvent」クラスが扱えるようにインポート。

⑥「GLSurfaceView」クラスのインスタンス「mGLView」を宣言。
⑦「MyGLRenderer」クラスのインスタンス「mRenderer」を宣言。

```
    public override fun onCreate(savedInstanceState: Bundle?) {
        super.onCreate(savedInstanceState)

        mGLView = GLSurfaceView(this)//                                 ⑧
        mGLView!!.setEGLContextClientVersion(3)//                       ⑨
        mRenderer = MyGLRenderer(this)//                                ⑩
        mGLView!!.setRenderer(mRenderer)//                              ⑪
        setContentView(mGLView)//                                       ⑫
        val display = windowManager.defaultDisplay//                    ⑬
        val point = Point()//                                           ⑭
        display.getSize(point)//                                        ⑮
        mRenderer?.mPoint = point//                                     ⑯
    }

    override fun onPause() {//                                          ⑰
        super.onPause()//                                               ⑱
        mGLView!!.onPause()//                                           ⑲
    }//

    override fun onResume() {//                                         ⑳
        super.onResume()//                                              ㉑
        mGLView!!.onResume()//                                          ㉒
    }//

    override fun onTouchEvent(e: MotionEvent): Boolean {//              ㉓
        return mRenderer!!.onTouchEvent(e)//                            ㉔
    }//
}---------------------------------------------
```

⑧「GLSurfaceView」クラスのインスタンス「mGLView」を生成。
⑨OpenGL ESのバージョンを「3.2」にセット。ただし、ここでは整数のみなので、「3」にセット。
⑩「MyGLRenderer」クラスのインスタンス「mRenderer」を生成。
⑪「mGLView」にレンダラー「mRenderer」をセット。
⑫「Activity」のビューを「mGLView」にセット。
⑬ディスプレイの情報を取得。
⑭「Point」クラスのインスタンス「point」を生成。
⑮ディスプレイの画面サイズを「point」にセット。
⑯「mRenderer」の「mPoint」変数に「point」を代入。

⑰このアプリがポーズ(一とき停止)したときに呼ばれます。
⑱親クラスの「onPause」メソッドを呼び出す。
⑲「mGLView」の「onPause」メソッドを呼び出す。

⑳このアプリのポーズからリズーム(再開)したときに呼ばれます。
㉑親クラスの「onResume」メソッドを呼び出す。
㉒「mGLView」の「onResume」メソッドを呼び出す。

㉓画面がタッチなどされたときに呼び出されます。
㉔「mRenderer」のタッチ処理のメソッドを呼び出す。

3-4　プロジェクトのエミュレータ・実機での実行

この節では、プロジェクトをビルドして、「エミュレータ」や「実機」で実行します。

1　「エミュレータ」で実行

手順　「エミュレータ」で実行する

[1]「エミュレータ」で、たとえば「Pixel 2 API 29」などを選ぶ。

エミュレータを選択

[2]「Run」ボタンをクリックしてビルドし、エミュレータを実行。

Runボタンをクリック

[3]「エミュレータ」の画面をドラッグすれば、「キャラクタ」が回転します。

エミュレータで実行

2 実機で実行

手順 「実機」で実行する

[1]「Android7」以降のスマートフォンをパソコンに「USBケーブル」でつなぐ。

[2]「デバイス」を、たとえば「motorola moto g(7) power」などの「USB」でつないだ実機の名前で選ぶ。

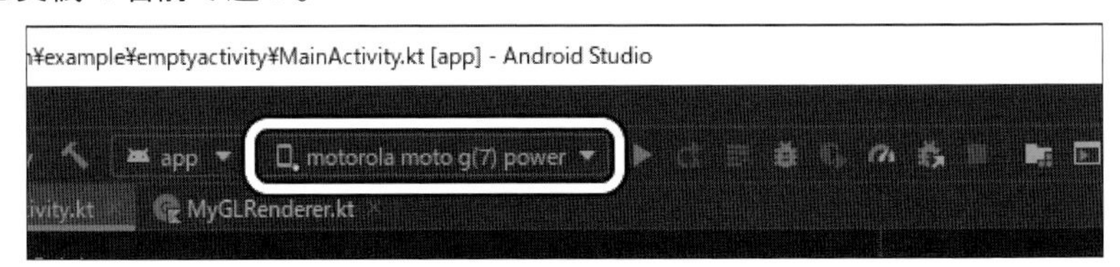

実機を選択

[3]「Run」ボタンをクリックしてビルドし、「実機」で実行。

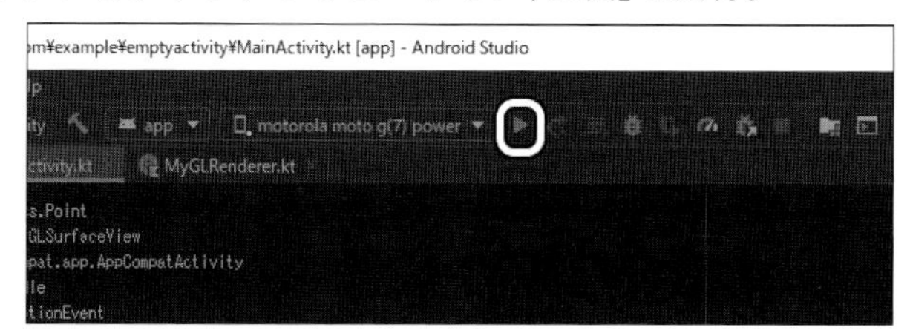

「Run」ボタンをクリック

[4]「実機」の画面を「スワイプ」すれば、「キャラクタ」が回転します。

3　この章のまとめ

この章では、本書で初めてテンプレート・プロジェクト「Empty Activity」を作って、3Dライブラリ「Cyberdelia Engine」のファイルをコピー＆ペーストし、「MainActivity.kt」のソースにコーディングして、ビルドしたアプリを「エミュレータ」と「実機」で実行しました。

第4章

「Basic Activity」プロジェクト

この章では「プロジェクト・テンプレート」の「Basic Activity」プロジェクトで、2つのボタン付きの「3Dビュー」を表示します。

4-1 プロジェクトの用意

この節では「プロジェクト・テンプレート」の「Basic Activity」を作ります。
「Basic Activity」は2つのボタンをもった「Activity」です。

1 プロジェクトの用意

手順 プロジェクトの用意

[1]「Android Studio」を実行します。

[2]「File」→「New」→「New Project」メニューを実行。

[3]「Basic Activity」を選び、「Next」ボタンをクリック。

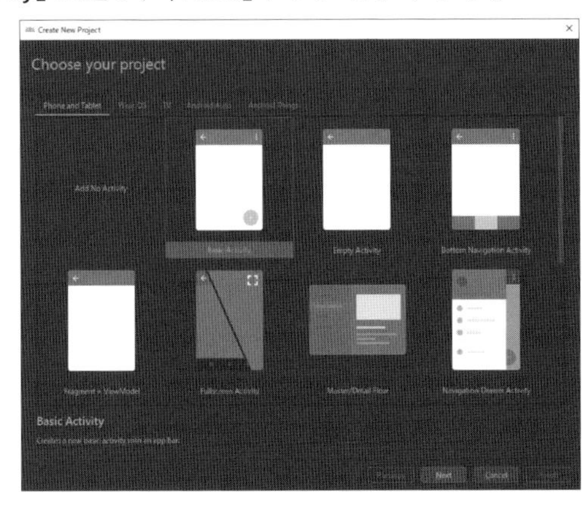

「Basic Activity」を選択

[4]「Name」を「BasicActivity」に、「Package name」を「com.example.basicactivity」に、「Save location」を「C:¥Users¥(ユーザー名)¥AndroidStudioProjects¥BasicActivity」に、「Language」を「Kotlin」に、「Minimum API level」を「API 24: Android 7.0(Nougat)」にして、「This project will support instant apps」のチェックが外れていることを確認し、「Finish」ボタンをクリック。

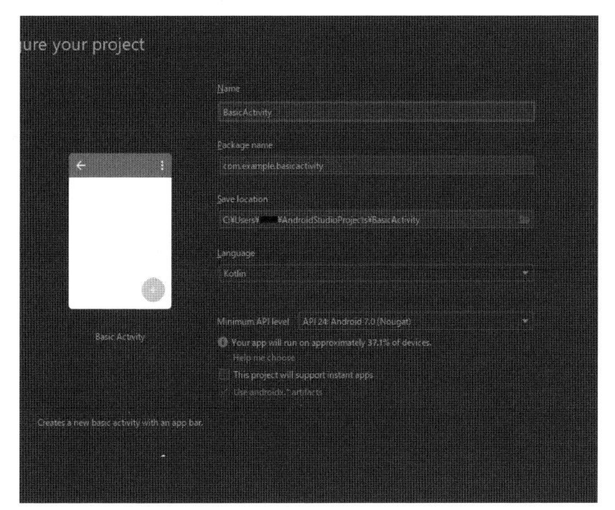

プロジェクトを設定

※ここで「Minimum API level」を「API 24: Android 7.0(Nougat)」にしたのは、「OpenGL ES 3.2」が動作する最小限のバージョンだからです。

---

2 Projectに切り替え

3章1節の「2」のように「Project」に切り替えます。

3 ボタンについて

この章ではボタンが2つ出てきます。

「丸ボタン」は「layout」リソースの「activity_main.xml」で記述されています。

「ツールバー・アイテム」の「settingsボタン」は「menu_main.xml」で記述されています。

4-2 ファイルのコピー&ペースト

この節では「プロジェクト」に必要なファイルをコピー＆ペーストします。

1 「Cyberdelia Engine」のダウンロード

3章2節の「1」を参考に「KotlinOpenGLes32_(バージョン).zip」を解凍してください。

2 「ソースファイル」のコピー&ペースト

ここでは3Dライブラリ「Cyberdelia Engine」をコピー＆ペーストします。

手順 ：「Cyberdelia Engine」をコピー&ペーストする

[1] プロジェクト・フォルダ「C:¥Users¥(ユーザー名)¥AndroidStudioProjects¥Basic Activity¥app¥src¥main¥java」を「エクスプローラ」で開く。

[2] 解凍した「KotlinOpenGLes32」フォルダの「app¥src¥main¥java」フォルダを開く。

[3] プロジェクト・フォルダの「java」フォルダ内に「cyberdeliaengine」フォルダをコピー＆ペースト。

[4] プロジェクト・フォルダの「java¥com¥example¥basicactivity」フォルダ内に「com¥example¥kotlinopengles32¥MyGLRenderer.kt」ファイルをコピー＆ペースト。

3 「リソース」のコピー&ペースト

ここでは「テクスチャ画像ファイル」をプロジェクトにコピー&ペーストします。

手順 「テクスチャ画像ファイル」をコピー&ペーストする

[1] プロジェクト・フォルダ「C:¥Users¥(ユーザー名)¥AndroidStudioProjects¥Basic Activity¥app¥src¥main¥res¥drawable」を「エクスプローラ」で開く。

[2] 解凍した「KotlinOpenGLes32」フォルダの「app¥src¥main¥res¥drawable」フォルダを開いてください。

[3] 「プロジェクト・フォルダ」の「res¥drawable」フォルダに「checkorange.jpg」「pantsbrown.jpg」ファイルをコピー&ペースト。

4-3 ソースのコーディング

この節では「ソース」に「コーディング」していき、「3Dビュー」をセットします。

1 「MyGLRenderer.kt」ファイル

「MyGLRenderer.kt」ファイルがある階層を正しく変更します。

手順 「MyGLRenderer.kt」ファイルがある階層を変更する

[1] 画面左の「Project」から「BasicActivity¥app¥src¥main¥java¥com.example.basicactivity¥MyGLRenderer」ファイルをダブルクリックで開く。

[2] 画面右の「ソース・エディタ」で「package com.example.kotlinopengles32」を「package com.example.basicactivity」に書き換え。

2 「activity_main.xml」ファイル

「リソース」の「レイアウト・ファイル」に「GLSurfaceView」を追記します。

[1] 画面左の「Project」から「BasicActivity¥app¥src¥main¥res¥layout¥activity_ main.xml」ファイルをダブルクリックで開きます。

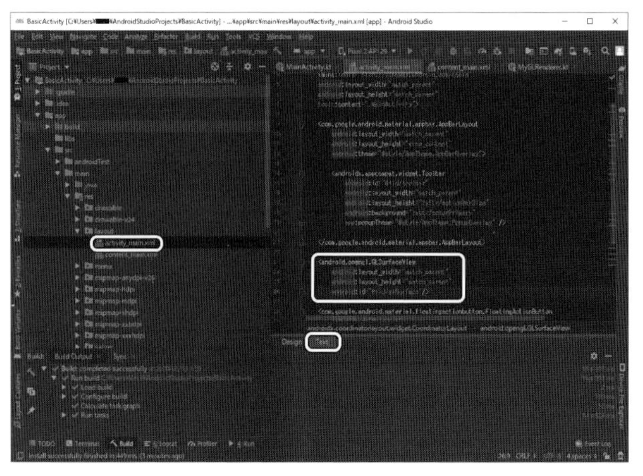

activity_main.xmlファイル

[2]画面右のエディタで「Text」タブをクリックし、以下のようにコーディング。

```
----activity_main.xmlファイル-------------------------------

<?xml version="1.0" encoding="utf-8"?>
<androidx.coordinatorlayout.widget.CoordinatorLayout
xmlns:android="http://schemas.android.com/apk/res/android"
    xmlns:app="http://schemas.android.com/apk/res-auto"
    xmlns:tools="http://schemas.android.com/tools"
    android:layout_width="match_parent"
    android:layout_height="match_parent"
    tools:context=".MainActivity">

(中略)

    </com.google.android.material.appbar.AppBarLayout>

    <android.opengl.GLSurfaceView                      ③
        android:layout_width="match_parent"            ④
        android:layout_height="match_parent"           ⑤
        android:id="@+id/glSurface"/>                  ⑥

    <com.google.android.material.floatingactionbutton.
FloatingActionButton
        android:id="@+id/fab"
        android:layout_width="wrap_content"
        android:layout_height="wrap_content"
        android:layout_gravity="bottom|end"
        android:layout_margin="@dimen/fab_margin"
        app:srcCompat="@android:drawable/ic_dialog_email"
/>

</androidx.coordinatorlayout.widget.CoordinatorLayout>

------------------------------------------------------------
```

③ビューで「OpenGL ES」を扱うための「GLSurfaceView」タグです。

④「GLSurfaceView」の幅を親の幅に合わせる。

⑤「GLSurfaceView」の高さを親の高さに合わせる。

⑥「GLSurfaceView」のIDを「glSurface」と名付ける。

3 「MainActivity.kt」ファイル

「Activity」の中で「Cyberdelia Engine」の「ビュー」をセットします。

「glSurface.setEGLContextClientVersion(3)」で「OpenGL ES 3」をセットしていますが、3Dライブラリ「Cyberdelia Engine」内では「OpenGL ES 3.2」で「コーディング」しています。

---

[1] 画面左の「Project」から「BasicActivity¥app¥src¥main¥java¥com.example.basicactivity¥MainActivity」ファイルをダブルクリックで開く。

[2] 画面右のエディタで以下のようにコーディング。

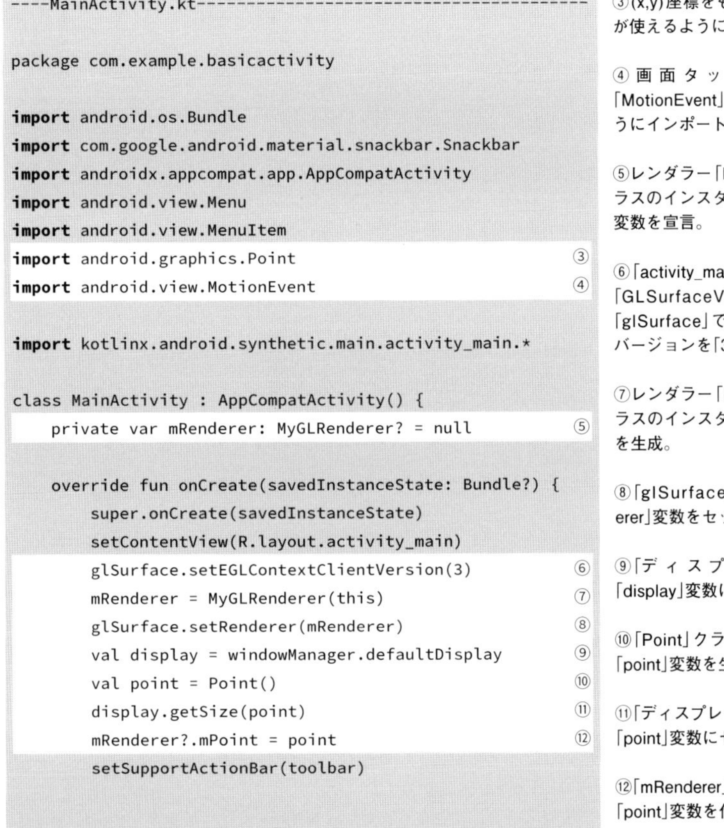

```
----MainActivity.kt-----------------------------------------

package com.example.basicactivity

import android.os.Bundle
import com.google.android.material.snackbar.Snackbar
import androidx.appcompat.app.AppCompatActivity
import android.view.Menu
import android.view.MenuItem
import android.graphics.Point                          ③
import android.view.MotionEvent                        ④

import kotlinx.android.synthetic.main.activity_main.*

class MainActivity : AppCompatActivity() {
    private var mRenderer: MyGLRenderer? = null        ⑤

    override fun onCreate(savedInstanceState: Bundle?) {
        super.onCreate(savedInstanceState)
        setContentView(R.layout.activity_main)
        glSurface.setEGLContextClientVersion(3)        ⑥
        mRenderer = MyGLRenderer(this)                 ⑦
        glSurface.setRenderer(mRenderer)               ⑧
        val display = windowManager.defaultDisplay     ⑨
        val point = Point()                            ⑩
        display.getSize(point)                         ⑪
        mRenderer?.mPoint = point                      ⑫
        setSupportActionBar(toolbar)
```

③(x,y)座標をもつ「Point」クラスが使えるようにインポート。

④画面タッチを取得する「MotionEvent」クラスが使えるようにインポート。

⑤レンダラー「MyGLRenderer」クラスのインスタンス「mRenderer」変数を宣言。

⑥「activity_main.xml」ファイルの「GLSurfaceView」クラスのID「glSurface」で「OpenGL ES」のバージョンを「3」にします。

⑦レンダラー「MyGLRenderer」クラスのインスタンス「mRenderer」を生成。

⑧「glSurface」変数に「mRenderer」変数をセット。

⑨「ディスプレイ」の情報を「display」変数に代入。

⑩「Point」クラスのインスタンス「point」変数を生成。

⑪「ディスプレイ」の画面サイズを「point」変数にセット。

⑫「mRenderer」の「mPoint」変数に「point」変数を代入。

```
        fab.setOnClickListener { view ->
            Snackbar.make(view, "Replace with your own
action", Snackbar.LENGTH_LONG)
                .setAction("Action", null).show()
        }
    }
    override fun onTouchEvent(e: MotionEvent): Boolean {  ⑬
        return mRenderer!!.onTouchEvent(e)                 ⑭
    }

(後略)
-----------------------------------------------------------
```

⑬画面タッチイベント「onTouchEvent」メソッドをオーバーライド(上書き)。

⑭「mRenderer」変数の「onTouchEvent」メソッドを呼び出す。

4-4 「プロジェクト」のエミュレータ・実機での実行

この節では「プロジェクト」をビルドして、「エミュレータ」や「実機」で実行します。

1 「エミュレータ」で実行

3章4節の「1」を参考に「エミュレータ」で実行したら、画面をドラッグすれば「キャラクタ」が回転します。

「エミュレータ」で実行

2 実機で実行

3章4節の「2」を参考に「実機」で実行したら、画面を「スワイプ」すれば「キャラクタ」が回転します。

3 この章のまとめ

この章では、最初から用意されたテンプレートのプロジェクト「Basic Activity」を作って、3Dライブラリ「Cyberdelia Engine」のファイルをコピー&ペーストしました。

そして、2つのボタンがある「MainActivity.kt」の「ソース」に「コーディング」し、ビルドしたアプリを「エミュレータ」と「実機」で実行しました。

画面右上のボタンを押しても何も操作を設定していません。
画面右下の丸ボタンを押すと画面下にメッセージが出ます。

第5章

「Bottom Navigation Activity」プロジェクト

この章ではテンプレートプロジェクトの「Bottom Navigation Activity」を作って、画面下に3つのタブアイコンがあるので、「Home」アイコンで3Dビューを表示します。

5-1 プロジェクトの用意

この節で作るのはプロジェクトテンプレートの「Bottom Navigation Activity」です。

「Bottom Navigation Activity」は画面下に3つのタブアイコンメニューをもった「Activity」です。

1 プロジェクトの用意

[1]「Android Studio」を実行します。

[2]「File」→「New」→「New Project」メニューを実行。

[3]「Bottom Navigation Activity」を選び、「Next」ボタンをクリック。

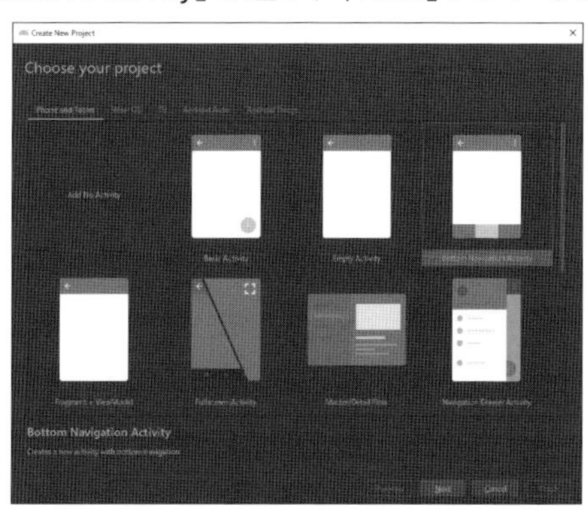

「Bottom Navigation Activity」を選択

[4]「Name」を「BottomNavigation」に、「Package name」を「com.example.bottomnavigation」に、「Save location」を「C:¥Users¥(ユーザー名)¥AndroidStudio Projects¥BottomNavigation」に、「Language」を「Kotlin」に、「Minimum API level」を「API 24: Android 7.0(Nougat)」にして、「This project will support instant apps」のチェックが外れていることを確認し、「Finish」ボタンをクリック。

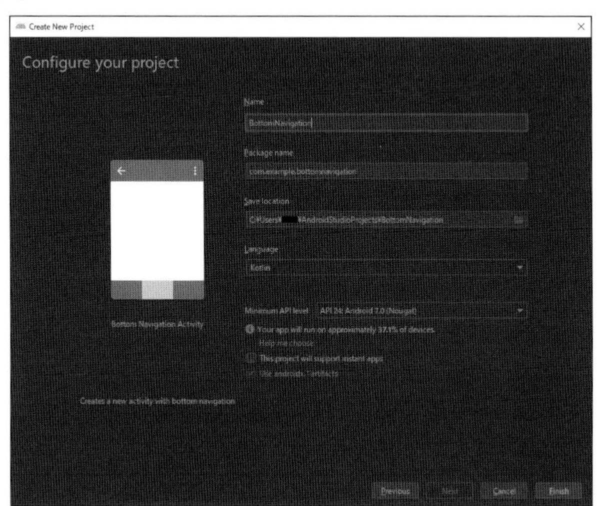

プロジェクトを設定

> ※ここで「Minimum API level」を「API 24: Android 7.0(Nougat)」にしたのは、「OpenGL ES 3.2」が動作する最小限のバージョンだからです。

2 Projectに切り替え

3章1節の「2」のように「Project」に切り替えます。

3 「Fragment」について

この章では「Activity」に加えて「Fragment」が出てきます。

「Activity」は画面全体を構成する単位でしたが、「Fragment」は「Activity」画面の中で複数のフラグメントを作って、1部分のビューを切り替えたりするために使う単位です。

この章では、タブでビューを切り替えるのに「Fragment」を使っています。

5-2 ファイルのコピー&ペースト

この節ではプロジェクトに必要なファイルをコピー&ペーストします。

1 「Cyberdelia Engine」のダウンロード

3章2節の「1」を参考に「KotlinOpenGLes32_(バージョン).zip」を解凍してください。

2 ソースファイルのコピー&ペースト

ここでは3Dライブラリ「Cyberdelia Engine」をコピー&ペーストします。

手順 「Cyberdelia Engine」をコピー&ペースト

[1] プロジェクトフォルダ「C:¥Users¥(ユーザー名)¥AndroidStudioProjects¥Bottom Navigation¥app¥src¥main¥java」を、エクスプローラーで開いてください。

[2] 解凍した「KotlinOpenGLes32」フォルダの「app¥src¥main¥java」フォルダを開く。

[3] プロジェクトフォルダの「java」フォルダ内に「cyberdeliaengine」フォルダをコピー&ペースト。

[4] プロジェクトフォルダの「java¥com¥example¥bottomnavigation¥ui¥home」フォルダ内に、「com¥example¥kotlinopengles32¥MyGLRenderer.kt」ファイルをコピー＆ペースト。

3 リソースのコピー&ペースト

ここではテクスチャ画像ファイルをプロジェクトにコピー＆ペーストします。

手順 「テクスチャ画像ファイル」をコピー&ペースト

[1] プロジェクトフォルダ「C:¥Users¥(ユーザー名)¥AndroidStudioProjects¥Bottom Navigation¥app¥src¥main¥res¥drawable」を、エクスプローラーで開いてください。

[2] 解凍した「KotlinOpenGLes32」フォルダの「app¥src¥main¥res¥drawable」フォルダを開く。

[3] プロジェクトフォルダの「res¥drawable」フォルダに、「checkorange.jpg」「pantsbrown.jpg」ファイルをコピー＆ペースト。

5-3　ソースのコーディング

この節ではソースにコーディングしていき、「Home」タブに「3Dビュー」をセットします。

1　「MyGLRenderer.kt」ファイル

「MyGLRenderer.kt」ファイルがある階層を正しく変更します。

[1] 画面左の「Project」から「BottomNavigation¥app¥src¥main¥java¥com.example. bottomnavigation¥ui¥home¥MyGLRenderer」ファイルをダブルクリックで開きます。

[2] 画面右のエディタで以下のようにコーディングします。

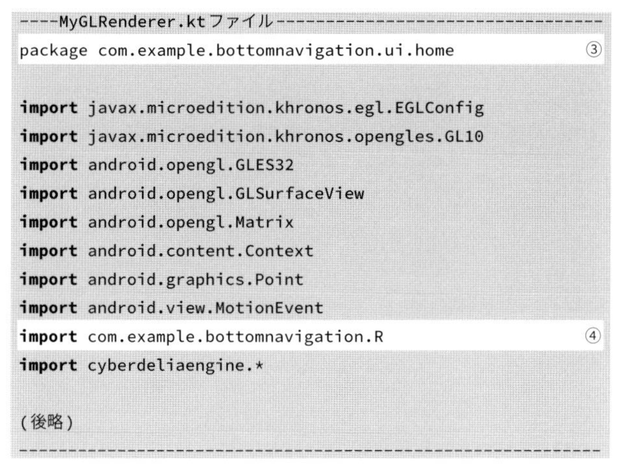

```
----MyGLRenderer.ktファイル----------------------------------
package com.example.bottomnavigation.ui.home                  ③

import javax.microedition.khronos.egl.EGLConfig
import javax.microedition.khronos.opengles.GL10
import android.opengl.GLES32
import android.opengl.GLSurfaceView
import android.opengl.Matrix
import android.content.Context
import android.graphics.Point
import android.view.MotionEvent
import com.example.bottomnavigation.R                         ④
import cyberdeliaengine.*

(後略)
------------------------------------------------------------
```

③画面右のソースエディタで「package com.example.kotlinopengles32」を「package com.example.bottomnavigation.ui.home」に書き換える。

④リソースファイルの階層をインポート。

2 「HomeFragment.kt」ファイル

「Fragment」の中で「Cyberdelia Engine」の「ビュー」をセットします。

[1] 画面左の「Project」から、「BottomNavigation¥app¥src¥main¥java¥com.example. bottomnavigation¥ui¥home¥HomeFragment」ファイルをダブルクリックで開きます。

[2] 画面右のエディタで以下のようにコーディングします。

```
----HomeFragment.ktファイル--------------------------------

package com.example.bottomnavigation.ui.home

import android.os.Bundle
import android.view.LayoutInflater
import android.view.View
import android.view.ViewGroup
import androidx.fragment.app.Fragment
import android.graphics.Point                                    ③
import android.opengl.GLSurfaceView                              ④
import android.view.MotionEvent                                  ⑤
class HomeFragment : Fragment(), View.OnTouchListener {          ⑥

    private var mGLView: GLSurfaceView? = null                   ⑦
    private var mRenderer: MyGLRenderer? = null                  ⑧

    override fun onCreateView(
        inflater: LayoutInflater,
        container: ViewGroup?,
        savedInstanceState: Bundle?
    ): View? {
        mGLView = GLSurfaceView(this.activity)                   ⑨
        mGLView!!.setEGLContextClientVersion(3)                  ⑩
        mRenderer = MyGLRenderer(this.requireContext())          ⑪
        mGLView!!.setRenderer(mRenderer)                         ⑫
        mGLView!!.setOnTouchListener(this)                       ⑬

        return mGLView                                           ⑭
    }

    override fun onTouch(v: View?, event: MotionEvent?): Boolean {   ⑮
```

③(x,y)座標を持つ「Point」クラスをインポートします。
④OpenGL ESビューの「GLSurfaceView」クラスをインポートします。
⑤画面タッチイベントの「MotionEvent」クラスをインポート。
⑥「HomeFragment」クラスに画面タッチで呼ばれる「View.OnTouchListener」を追加。

⑦「GLSurfaceView」クラスのインスタンス「mGLView」変数を宣言。
⑧「MyGLRenderer」クラスのインスタンス「mRenderer」変数を宣言。

⑨「GLSurfaceView」クラスのインスタンス「mGLView」変数を生成。
⑩「OpenGL ES」のバージョンを「3」にセット。
⑪「MyGLRenderer」クラスのインスタンス「mRenderer」変数を生成。
⑫「mGLView」に「mRenderer」変数をセット。
⑬「mGLView」のビューがタッチされた時に「onTouch」メソッドが呼ばれるようにセット。

⑭「mGLView」ビューを返す。

⑮画面がタッチされた時「onTouch」メソッドが呼ばれます。

```
        mRenderer!!.mPoint=Point(mGLView!!.measuredWidth,
mGLView!!.measuredHeight)                                   ⑯
        mRenderer!!.onTouchEvent(event!!)                   ⑰

        return true                                         ⑱
    }

}
```

⑯「mRenderer」の「mPoint」変数に画面の幅高さのサイズを代入します。

⑰「mRenderer」のタッチイベントを呼び出します。

⑱「**true**」を返します。

3 「activity_main.xml」ファイル

手順 「UI」を編集する

[1] 画面左の「Project」から、「BottomNavigation¥app¥src¥main¥res¥layout¥activity_ main.xml」ファイルを、ダブルクリックで開きます。

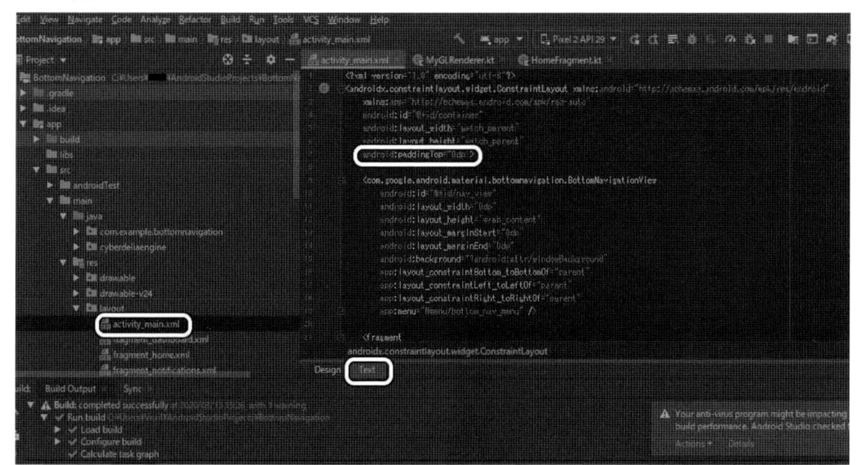

「UI」を編集する

[2] 画面右のエディタで「Text」タブをクリックし、以下のようにコーディング。

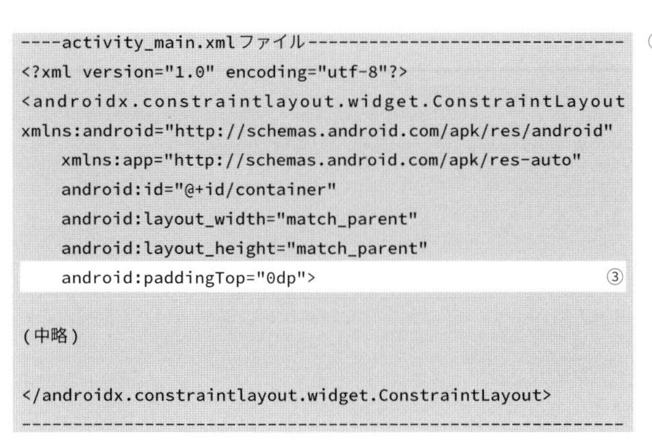

```
----activity_main.xmlファイル--------------------------------
<?xml version="1.0" encoding="utf-8"?>
<androidx.constraintlayout.widget.ConstraintLayout
xmlns:android="http://schemas.android.com/apk/res/android"
    xmlns:app="http://schemas.android.com/apk/res-auto"
    android:id="@+id/container"
    android:layout_width="match_parent"
    android:layout_height="match_parent"
    android:paddingTop="0dp">                                  ③

(中略)

</androidx.constraintlayout.widget.ConstraintLayout>
-------------------------------------------------------------
```

③スマートフォン画面の上方に余白があるので、「0dp」にして余白をなくします。

5-4 「プロジェクト」のエミュレータ・実機での実行

この節ではプロジェクトをビルドして、「エミュレータ」や「実機」で実行します。

1 エミュレータで実行

3章4節の「1」を参考に「エミュレータ」で実行したら、画面を「ドラッグ」すればキャラクタが回転します。

エミュレータで実行

2 実機で実行

3章4節の「2」を参考に実機で実行したら、画面を「スワイプ」すればキャラクタが回転します。

3 この章のまとめ

この章では、テンプレートのプロジェクト「Bottom Navigation Activity」を作り、3Dライブラリ「Cyberdelia Engine」のファイルをコピー&ペーストしました。

そして、画面下部に3つの「タブボタン」がある内の「HomeFragment.kt」のソースにコーディングし、ビルドしたアプリを「エミュレータ」と「実機」で実行しました。

画面下部のタブを選ぶと、画面が切り替えられます。

Column 「ゲームエンジン」から「Android Studio」プロジェクト

ゲームエンジン「Unity」や「UE4」(Unreal Engine 4)からも「Android Studio」向けにプロジェクトが書き出せます。

しかし、「Unity」や「UE4」から書き出したプロジェクトは「高速化」のためにプログラミング言語「C++」でコーディングされています。

「Kotlin」から、「ブラックボックス」に近いそれらを制御するのは、困難かもしれません。

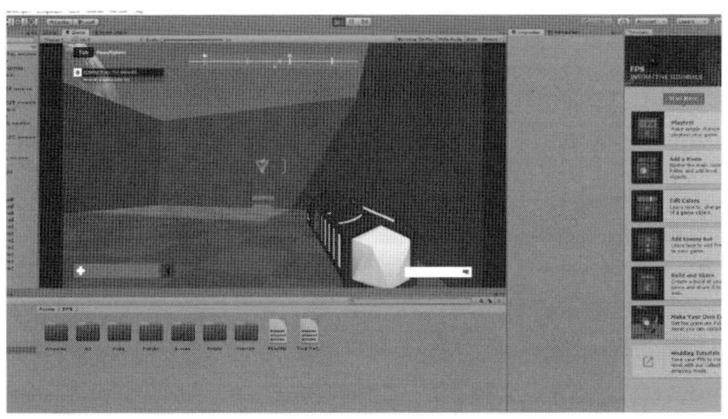

「ゲームエンジン」から「Android Studio」プロジェクト

第6章

「Fragment + ViewModel」プロジェクト

この章では「テンプレート・プロジェクト」の「Fragment + ViewModel」を作って、「1ビュー」だけの「Fragment」に「3Dビュー」を表示します。

6-1 プロジェクトの用意

この節では「テンプレート・プロジェクト」の「Fragment + ViewModel」を作ります。

「Fragment + ViewModel」は「Activity」に1つの「Fragment」の「ビュー」をもったプロジェクトです。

1 プロジェクトの用意

「Fragment」とは、「コンテンツ」と「ライフサイクル」をもった「ビュー」のことです。

ここでいう「ライフサイクル」とは、「インスタンス」が生成されてから、それが破棄されるまでの一連の流れのことを指します。

たとえば「Activity」だと、「インスタンス」が生成される際に「onCreate」メソッドが呼ばれたり、破棄される際に「onDestroy」メソッドが呼ばれたり、他にも画面の状態により「onResume」「onStart」「onPause」「onStop」などの「メソッド」が呼ばれたりすることを、「ライフサイクル」をもっていると表現するわけです。

そして、「Fragment」も「コンテンツ」だけでなく、「Activity」に非常に似た「ライフサイクル」をもっています。

手 順 プロジェクトの用意

[1]「Android Studio」を実行します。

[2]「File」→「New」→「New Project」メニューを実行。

[3]「Fragment + ViewModel」を選択し「Next」ボタンをクリック。

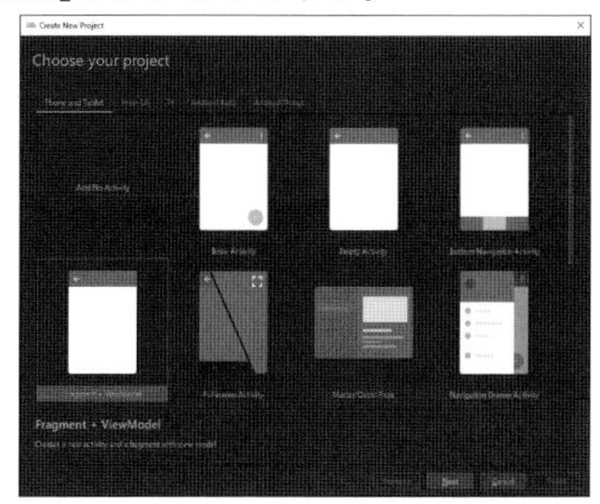

Fragment + ViewModelを選択

[4]「Name」を「FragmentViewModel」に、「Package name」を「com. example. fragmentviewmodel」に、「Save location」を「C:¥Users¥(ユーザー名)¥AndroidStudioProjects¥FragmentViewModel」に、「Language」を「Kotlin」に、「Minimum API level」を「API 24: Android 7.0(Nougat)」にして、「This project will support instant apps」のチェックが外れていることを確認し、「Finish」ボタンをクリック。

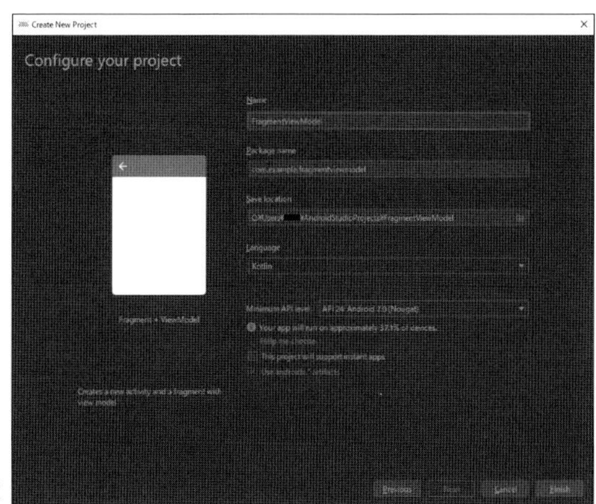

プロジェクトを設定

※ここで「Minimum API level」を「API 24: Android 7.0(Nougat)」にしたのは、「OpenGL ES 3.2」が動作する最小限のバージョンだからです。

2 「Project」に切り替え

3章1節の「2」のように「Project」に切り替えます。

3 「Fragment」について

この章では「Fragment」は1つしか出てきませんが、同様に「Fragment」と「ViewModel」を作ることで、「Fragment」同士を切り替えて表示することが可能です。

6-2 ファイルのコピー&ペースト

この節では「プロジェクト」に必要なファイルをコピー&ペーストします。

1 「Cyberdelia Engine」のダウンロード

3章2節の「1」を参考に「KotlinOpenGLes32_(バージョン).zip」を解凍してください。

2 「ソースファイル」のコピー&ペースト

ここでは3Dライブラリ「Cyberdelia Engine」をコピー&ペーストします。

手順 「Cyberdelia Engine」をコピー&ペーストする

[1] プロジェクト・フォルダ「C:¥Users¥(ユーザー名)¥AndroidStudioProjects¥FragmentViewModel¥app¥src¥main¥java」を、「エクスプローラ」で開く。

[2] 解凍した「KotlinOpenGLes32」フォルダの「app¥src¥main¥java」フォルダを開く。

[3] 「プロジェクト・フォルダ」の「java」フォルダ内に「cyberdeliaengine」フォルダをコピー&ペースト。

[4]「プロジェクト・フォルダ」の「java¥com¥example¥fragmentviewmodel¥ui¥main」フォルダ内に、「com¥example¥kotlinopengles32¥MyGLRenderer.kt」ファイルをコピー＆ペースト。

3　リソースのコピー&ペースト

ここでは「テクスチャ画像ファイル」をプロジェクトにコピー＆ペーストします。

手順　「テクスチャ画像ファイル」をコピー&ペーストする

[1] プロジェクト・フォルダ「C:¥Users¥(ユーザー名)¥AndroidStudioProjects¥FragmentViewModel¥app¥src¥main¥res¥drawable」をエクスプローラで開いてください。

[2] 解凍した「KotlinOpenGLes32」フォルダの「app¥src¥main¥res¥drawable」フォルダを開く。

[3] プロジェクト・フォルダの「res¥drawable」フォルダに「checkorange.jpg」「pantsbrown.jpg」ファイルをコピー＆ペースト。

6-3 ソースのコーディング

この節ではソースにコーディングしていき、「3Dビュー」をセットします。

1 「MyGLRenderer.kt」ファイル

「MyGLRenderer.kt」ファイルがある階層を正しく変更します。

手順 「MyGLRenderer.kt」ファイルがある階層を変更する

[1] 画面左の「Project」から「FragmentViewModel¥app¥src¥main¥java¥com.example. fragmentviewmodel¥ui¥main¥MyGLRenderer」ファイルをダブルクリックで開く。

[2] 画面右のエディタで以下のようにコーディングします。

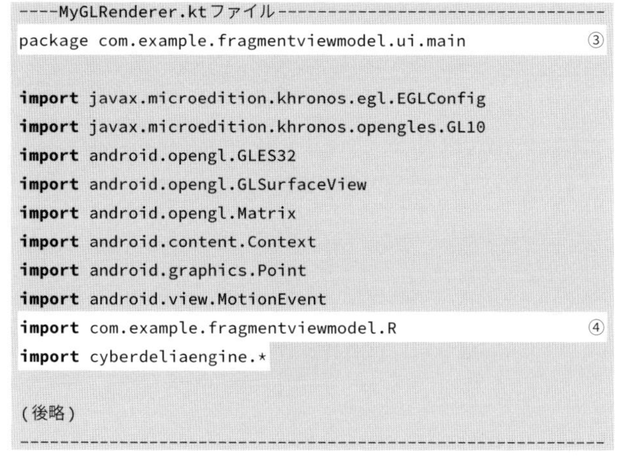

```
----MyGLRenderer.kt ファイル-------------------------------
package com.example.fragmentviewmodel.ui.main                ③

import javax.microedition.khronos.egl.EGLConfig
import javax.microedition.khronos.opengles.GL10
import android.opengl.GLES32
import android.opengl.GLSurfaceView
import android.opengl.Matrix
import android.content.Context
import android.graphics.Point
import android.view.MotionEvent
import com.example.fragmentviewmodel.R                       ④
import cyberdeliaengine.*

(後略)
-----------------------------------------------------------
```

③画面右のソースエディタで「package com.example.kotlinopengles32」を「package com.example.fragmentviewmodel.ui.main」に書き換え。

④「リソース・ファイル」の階層をインポート。

2 「MainFragment.kt」ファイル

「Fragment」の中で「Cyberdelia Engine」の「ビュー」をセットします。

手順 「Cyberdelia Engine」の「ビュー」をセット

[1] 画面左の「Project」から、「EmptyActivity¥app¥src¥main¥java¥com.example. fragmentviewmodel¥ui¥main¥MainFragment」ファイルをダブルクリックで開く。

[2] 画面右のエディタで以下のようにコーディングします。

```
----MainFragment.ktファイル--------------------------------
package com.example.fragmentviewmodel.ui.main

import androidx.lifecycle.ViewModelProviders
import android.os.Bundle
import androidx.fragment.app.Fragment
import android.view.LayoutInflater
import android.view.View
import android.view.ViewGroup
import android.graphics.Point                          ③
import android.opengl.GLSurfaceView                    ④
import android.view.MotionEvent                        ⑤

class MainFragment : Fragment(),View.OnTouchListener {  ⑥

    private var mGLView: GLSurfaceView? = null          ⑦
    private var mRenderer: MyGLRenderer? = null         ⑧

    companion object {
        fun newInstance() = MainFragment()
    }

    private lateinit var viewModel: MainViewModel

    override fun onCreateView(
        inflater: LayoutInflater, container: ViewGroup?,
        savedInstanceState: Bundle?
    ): View? {
        mGLView = GLSurfaceView(this.activity)          ⑨
        mGLView!!.setEGLContextClientVersion(3)         ⑩
```

③(x,y)座標をもつ「Point」クラスをインポート。

④「OpenGL ES」ビューの「GLSurfaceView」クラスをインポート。

⑤画面タッチイベントの「MotionEvent」クラスをインポート。

⑥「MainFragment」クラスに、画面タッチで呼ばれる「View.OnTouchListener」を追加。

⑦「GLSurfaceView」クラスのインスタンス「mGLView」変数を宣言。

⑧「MyGLRenderer」クラスのインスタンス「mRenderer」変数を宣言。

⑨「GLSurfaceView」クラスのインスタンス「mGLView」変数を生成。

⑩「OpenGL ES」のバージョンを「3」にセット。

```
        mRenderer = MyGLRenderer(this.requireContext())     ⑪
        mGLView!!.setRenderer(mRenderer)                     ⑫
        mGLView!!.setOnTouchListener(this)                   ⑬


        return mGLView                                       ⑭
    }
    override fun onTouch(v: View?, event: MotionEvent?):
 Boolean {                                                   ⑮
        mRenderer!!.mPoint=Point(mGLView!!.measuredWidth,mGLView!!.
measuredHeight)                                              ⑯
        mRenderer!!.onTouchEvent(event!!)                    ⑰
        return true                                          ⑱
    }

    override fun onActivityCreated(savedInstanceState:
Bundle?) {
        super.onActivityCreated(savedInstanceState)
        viewModel = ViewModelProviders.of(this).
get(MainViewModel::class.java)
        // TODO: Use the ViewModel
    }

}
----------------------------------------------------------
```

⑪「MyGLRenderer」クラスのインスタンス「mRenderer」変数を生成。

⑫「mGLView」に「mRenderer」変数をセット。

⑬「mGLView」の「ビュー」がタッチされたときに「onTouch」メソッドが呼ばれるようにセット。

⑭「mGLView」ビューを返す。

⑮画面がタッチされたとき「onTouch」メソッドが呼ばれます。

⑯「mRenderer」の「mPoint」変数に画面の幅高さのサイズを代入。

⑰「mRenderer」のタッチイベントを呼び出す。

⑱「**true**」を返す。

6-4 プロジェクトのエミュレータ・実機での実行

この節ではプロジェクトをビルドして、「エミュレータ」や「実機」で実行します。

1 「エミュレータ」で実行

3章4節の「1」を参考に「エミュレータ」で実行したら、画面をドラッグすれば「キャラクタ」が回転します。

「エミュレータ」で実行

2 「実機」で実行

3章4節の「2」を参考に「実機」で実行したら、画面を「スワイプ」すれば「キャラクタ」が回転します。

3 この章のまとめ

この章では、「テンプレート」のプロジェクト「Fragment + ViewModel」を作って、3Dライブラリ「Cyberdelia Engine」のファイルをコピー&ペーストしました。

そして、「1ビュー」だけの「MainFragment.kt」の「ソース」に「コーディング」し、ビルドしたアプリを「エミュレータ」と「実機」で実行しました。

見た目は**第3章**の「Activity」だけの「Empty Activity」と同じですが、本章では「Activity」の中に「Fragment」を配置して、「Fragment」の中で「3Dビュー」をセットしています。

第7章

「Fullscreen Activity」プロジェクト

この章では、「テンプレート・プロジェクト」の「Fullscreen Activity」を作って、「フルスクリーン」で「3Dビュー」を表示します。

7-1 プロジェクトの用意

この節で作るのは「テンプレート・プロジェクト」の「Fullscreen Activity」です。

1 プロジェクトの用意

手順 プロジェクトの用意

[1]「Android Studio」を実行します。

[2]「File」→「New」→「New Project」メニューを実行。

[3]「Fullscreen Activity」を選択し「Next」ボタンをクリック。

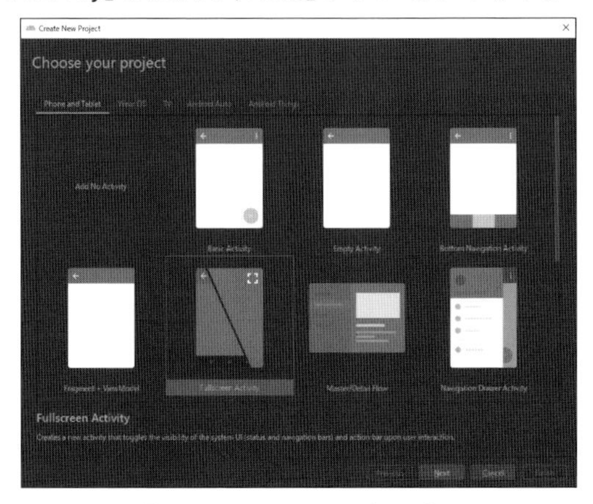

「Fullscreen Activity」を選択

[4]「Name」を「FullscreenActivity」に、「Package name」を「com.example.fullscreenactivity」に、「Save location」を「C:¥Users¥(ユーザー名)¥AndroidStudio Projects¥FullscreenActivity」に、「Language」を「Kotlin」に、「Minimum API level」を「API 24: Android 7.0(Nougat)」にして、「This project will support instant apps」のチェックが外れていることを確認し、「Finish」ボタンをクリック。

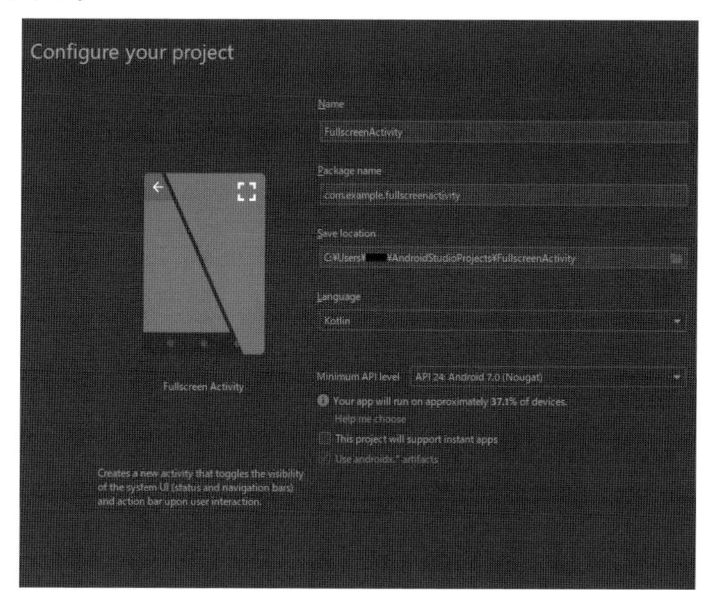

プロジェクトを設定

※ここで「Minimum API level」を「API 24: Android 7.0(Nougat)」にしたのは、「OpenGL ES 3.2」が動作する最小限のバージョンだからです。

---

2 Projectに切り替え

3章1節の「2」のように「Project」に切り替えます。

3 Fullscreenとは

「フルスクリーン」とは、画面いっぱいを使って「Activity」画面を表示する手法です。

画面タッチで、フルスクリーンと、通常のUI付き画面の表示に切り替えることができます。

7-2 ファイルのコピー&ペースト

この節では「プロジェクト」に必要なファイルをコピー&ペーストします。

1 「Cyberdelia Engine」のダウンロード

3章2節の「1」を参考に「KotlinOpenGLes32_(バージョン).zip」を解凍してください。

2 「ソースファイル」のコピー&ペースト

ここでは3Dライブラリ「Cyberdelia Engine」をコピー&ペーストします。

手順 「Cyberdelia Engine」をコピー&ペーストする

[1] プロジェクト・フォルダ「C:¥Users¥(ユーザー名)¥AndroidStudioProjects¥FullscreenActivity¥app¥src ¥main¥java」を「エクスプローラ」で開いてください。

[2] 解凍した「KotlinOpenGLes32」フォルダの「app¥src¥main¥java」フォルダを開く。

[3] プロジェクト・フォルダの「java」フォルダ内に「cyberdeliaengine」フォルダをコピー&ペースト。

[4] プロジェクト・フォルダの「java¥com¥example¥fullscreenactivity」フォルダ内に「com¥example¥kotlinopengles32¥MyGLRenderer.kt」ファイルをコピー&ペースト。

3　リソースのコピー&ペースト

ここでは「テクスチャ画像ファイル」をプロジェクトにコピー&ペーストします。

手順　「テクスチャ画像ファイル」をコピー&ペーストする

[1] プロジェクト・フォルダ「C:¥Users¥(ユーザー名)¥AndroidStudioProjects¥FullscreenActivity¥app¥src¥main¥res¥drawable」を、エクスプローラで開いてください。

[2] 解凍した「KotlinOpenGLes32」フォルダの「app¥src¥main¥res¥drawable」フォルダを開く。

[3] プロジェクト・フォルダの「res¥drawable」フォルダに「checkorange.jpg」「pantsbrown.jpg」ファイルをコピー&ペースト。

7-3 ソースのコーディング

この節では「ソース」に「コーディング」していき、「3Dビュー」をセットします。

1 「MyGLRenderer.kt」ファイル

「MyGLRenderer.kt」ファイルがある階層を正しく変更します。

手順 「MyGLRenderer.kt」ファイルがある階層を変更する

[1] 画面左の「Project」から、「FullscreenActivity¥app¥src¥main¥java¥com. example. fullscreenactivity¥MyGLRenderer」ファイルをダブルクリックで開く。

[2] 画面右のソースエディタで「package com.example.kotlinopengles32」を「package com.example.fullscreenactivity」に書き換え。

2 「activity_fullscreen.xml」ファイル

リソースの「レイアウト・ファイル」に「GLSurfaceView」タグを追記します。

他の章では「ビュー」を作るのに、「Activity」上や「Fragment」上で「var mGLView: GLSurfaceView」などとプログラミングして「OpenGL ES」の「ビュー」を生成する記述をしていました。

ここでは、その代わりに「layout」リソース上で「GLSurfaceView」タグを追記します。

こうすれば、プログラミングして生成する必要がなくなります。

手順 「レイアウト・ファイル」に「GLSurfaceView」タグを追記する

[1] 画面左の「Project」から「FullscreenActivity¥app¥src¥main¥res¥layout¥activity_fullscreen.xml」ファイルをダブルクリックで開く。

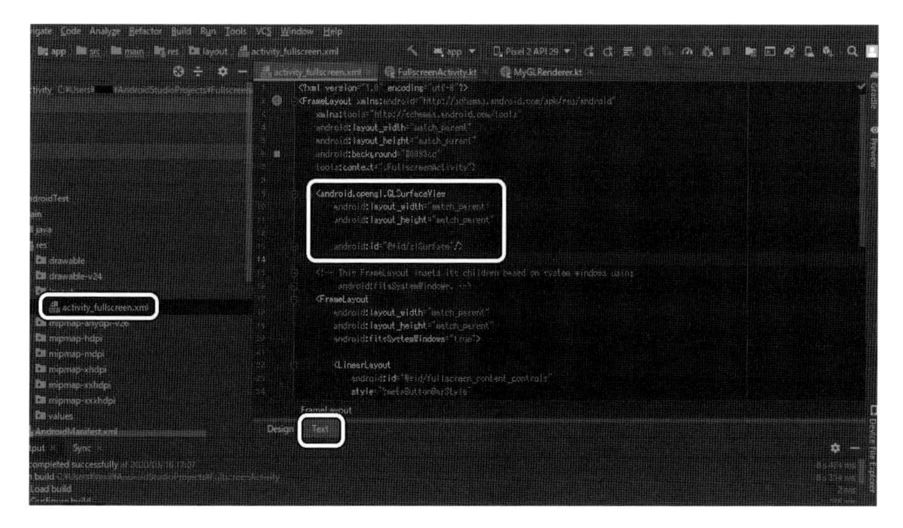

「activity_fullscreen.xml」ファイル

[2]画面右のエディタで「Text」タブをクリックし、以下のようにコーディング。

```
----activity_fullscreen.xmlファイル------------------------
<?xml version="1.0" encoding="utf-8"?>
<FrameLayout xmlns:android="http://schemas.android.com/apk/
res/android"
    xmlns:tools="http://schemas.android.com/tools"
    android:layout_width="match_parent"
    android:layout_height="match_parent"
    android:background="#0099cc"
    tools:context=".FullscreenActivity">
    <android.opengl.GLSurfaceView                          ③
        android:layout_width="match_parent"                ④
        android:layout_height="match_parent"               ⑤
        android:id="@+id/glSurface"/>                      ⑥

    <!-- This FrameLayout insets its children based on
system windows using
         android:fitsSystemWindows. -->
    <FrameLayout

        android:layout_width="match_parent"
        android:layout_height="match_parent"
        android:fitsSystemWindows="true">


(後略)
-----------------------------------------------------------
```

③ビューで「OpenGL ES」を扱うための「GLSurfaceView」タグ。
④「GLSurfaceView」の幅を「親」の幅に合わせる。
⑤「GLSurfaceView」の高さを「親」の高さに合わせる。
⑥「GLSurfaceView」のIDを「glSurface」と名付ける。

3 「FullscreenActivity.kt」ファイル

「Activity」の中で「Cyberdelia Engine」のビューをセットします。

手順 「Cyberdelia Engine」のビューをセットする

[1] 画面左の「Project」から「FullscreenActivity¥app¥src¥main¥java¥com.example.fullscreenactivity¥FullscreenActivity」ファイルをダブルクリックで開く。

[2] 画面右の「エディタ」で以下のようにコーディング。

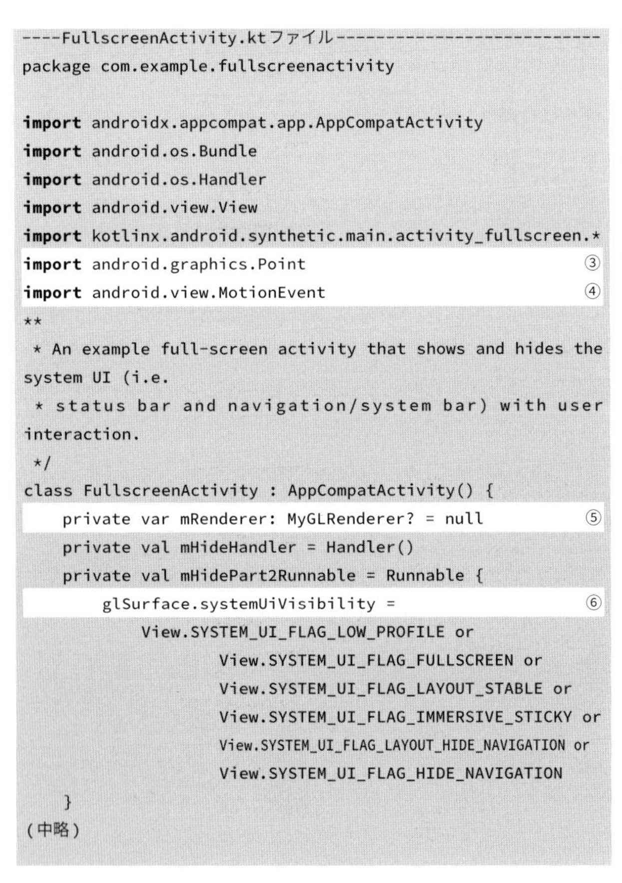

```
----FullscreenActivity.ktファイル---------------------------
package com.example.fullscreenactivity

import androidx.appcompat.app.AppCompatActivity
import android.os.Bundle
import android.os.Handler
import android.view.View
import kotlinx.android.synthetic.main.activity_fullscreen.*
import android.graphics.Point                              ③
import android.view.MotionEvent                            ④
**
 * An example full-screen activity that shows and hides the
system UI (i.e.
 * status bar and navigation/system bar) with user
interaction.
 */
class FullscreenActivity : AppCompatActivity() {
    private var mRenderer: MyGLRenderer? = null            ⑤
    private val mHideHandler = Handler()
    private val mHidePart2Runnable = Runnable {
        glSurface.systemUiVisibility =                     ⑥
            View.SYSTEM_UI_FLAG_LOW_PROFILE or
                    View.SYSTEM_UI_FLAG_FULLSCREEN or
                    View.SYSTEM_UI_FLAG_LAYOUT_STABLE or
                    View.SYSTEM_UI_FLAG_IMMERSIVE_STICKY or
                    View.SYSTEM_UI_FLAG_LAYOUT_HIDE_NAVIGATION or
                    View.SYSTEM_UI_FLAG_HIDE_NAVIGATION

    }
(中略)
```

③(x,y)座標をもつ「Point」クラスが使えるようにインポート。
④画面タッチを取得する「MotionEvent」クラスが使えるようにインポートする。
⑤レンダラー「MyGLRenderer」クラスのインスタンス「mRenderer」変数を宣言。

⑥「activity_fullscreen.xml」ファイルの「GLSurfaceView」クラスのID「glSurface」で、UIの見え方を定義。

```
    override fun onCreate(savedInstanceState: Bundle?) {
        super.onCreate(savedInstanceState)

        setContentView(R.layout.activity_fullscreen)

        glSurface.setEGLContextClientVersion(3)                    ⑦
        mRenderer = MyGLRenderer(this)                              ⑧
        glSurface.setRenderer(mRenderer)                            ⑨
        val display = windowManager.defaultDisplay                  ⑩
        val point = Point()                                         ⑪
        display.getSize(point)                                      ⑫
        mRenderer?.mPoint = point                                   ⑬

        supportActionBar?.setDisplayHomeAsUpEnabled(true)

        mVisible = true

        glSurface.setOnClickListener { toggle() }                  ⑭

        dummy_button.setOnTouchListener(mDelayHideTouchListener)
    }

    override fun onTouchEvent(e: MotionEvent): Boolean {           ⑮
        return mRenderer!!.onTouchEvent(e)                          ⑯
    }
                                                             (中略)
    private fun show() {
        glSurface.systemUiVisibility =                              ⑰
            View.SYSTEM_UI_FLAG_LAYOUT_FULLSCREEN or
                    View.SYSTEM_UI_FLAG_LAYOUT_HIDE_NAVIGATION
        mVisible = true

        mHideHandler.removeCallbacks(mHidePart2Runnable)
        mHideHandler.postDelayed(mShowPart2Runnable, UI_
ANIMATION_DELAY.toLong())
    }(後略)
```

⑦「glSurface」で「OpenGL ES」のバージョンを「3」にします。

⑧レンダラー「MyGLRenderer」クラスのインスタンス「mRenderer」を生成。

⑨「glSurface」変数に「mRenderer」変数をセット。

⑩「ディスプレイ」の情報を「display」変数に代入。

⑪「Point」クラスのインスタンス「point」変数を生成。

⑫「ディスプレイ」の画面サイズを「point」変数に取得。

⑬「mRenderer」の「mPoint」変数に「point」変数を代入。

⑭「glSurface」の「ビュー」をタッチしたときに「UI画面」を切り替え。

⑮画面タッチイベント「onTouchEvent」メソッドをオーバーライド(上書き)。

⑯「mRenderer」変数の「onTouchEvent」メソッドを呼び出す。

⑰「glSurface」の画面を「UI」が付いた画面に切り替える。

7-4 プロジェクトのエミュレータ・実機での実行

この節では「プロジェクト」をビルドして、「エミュレータ」や「実機」で実行します。

1 エミュレータで実行

3章4節の「1」を参考に「エミュレータ」で実行したら、画面をドラッグすれば「キャラクタ」が回転します。

エミュレータで実行

2 「実機」で実行

3章4節の「2」を参考に「実機」で実行したら、画面を「スワイプ」すれば「キャラクタ」が回転します。

3 この章のまとめ

この章では、テンプレートのプロジェクト「Fullscreen Activity」を作って、3Dライブラリ「Cyberdelia Engine」のファイルをコピー＆ペーストしました。

そして、「Fullscreen Activity」の「ソース」に「コーディング」し、ビルドしたアプリを「エミュレータ」と「実機」で実行しました。

「3Dビュー」をタッチするごとに、「フルスクリーン」と「UI」の付いた画面を切り替えられます。

第8章

「Master/Detail Flow」プロジェクト

この章ではテンプレート・プロジェクト「Master/Detail Flow」を作って、「リストビュー」のアイテムを選んだら、アイテムの詳細ページに「3Dビュー」が現れるアプリを作ります。

8-1 プロジェクトの用意

この節で作るのは「テンプレート・プロジェクト」の「Master/Detail Flow」です。

1 プロジェクトの用意

手順 プロジェクトの用意

[1]「Android Studio」を実行します。

[2]「File」→「New」→「New Project」メニューを実行。

[3]「Master/Detail Flow」を選び「Next」ボタンをクリック。

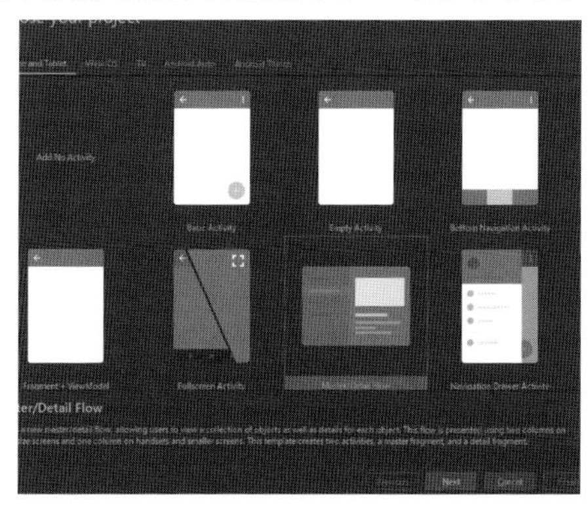

「Master/Detail Flow」を選択

[4]「Name」を「MasterDetailFlow」に、「Package name」を「com.example.masterdetailflow」に、「Save location」を「C:¥Users¥(ユーザー名)¥AndroidStudioProjects¥MasterDetailFlow」に、「Language」を「Kotlin」に、「Minimum API level」を「API 24: Android 7.0(Nougat)」にして、「This project will support instant apps」のチェックが外れていることを確認し、「Finish」ボタンをクリック。

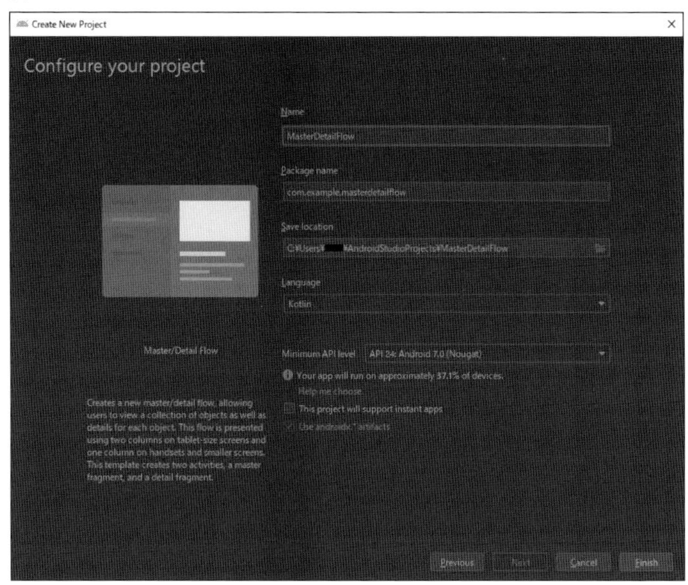

プロジェクトを設定

> ※ここで「Minimum API level」を「API 24: Android 7.0(Nougat)」にしたのは、「OpenGL ES 3.2」が動作する最小限のバージョンだからです。

---

2 Projectに切り替え

3章1節の「2」のように「Project」に切り替えます。

3 「Master/Detail Flow」とは

「Master/Detail Flow」とは、マスター画面の「ItemListActivity」でアイテムを一覧するリストビュー「Activity」を配置して、アイテムを1つ選んだら、「ディテイル画面」の「ItemDetailActivity」でそのアイテムの詳細の「Activity」が見れる手法です。

「ItemDetailActivity」の中で、「ItemDetailFragment」で3Dビュー「Fragment」を表示します。

8-2 ファイルのコピー&ペースト

この節ではプロジェクトに必要なファイルをコピー&ペーストします。

1 「Cyberdelia Engine」のダウンロード

3章2節の「1」を参考に「KotlinOpenGLes32_(バージョン).zip」を解凍してください。

2 ソースファイルのコピー&ペースト

ここでは3Dライブラリ「Cyberdelia Engine」をコピー&ペーストします。

手順 「Cyberdelia Engine」をコピー&ペーストする

[1] プロジェクト・フォルダ「C:¥Users¥(ユーザー名)¥AndroidStudioProjects¥Master DetailFlow¥app¥src¥main¥java」を、「エクスプローラ」で開いてください。

[2] 解凍した「KotlinOpenGLes32」フォルダの「app¥src¥main¥java」フォルダを開く。

[3] 「プロジェクト・フォルダ」の「java」フォルダ内に「cyberdeliaengine」フォルダをコピー&ペースト。

[4] プロジェクト・フォルダの、「java¥com¥example¥masterdetailflow」フォルダ内に「com¥example¥kotlinopengles32¥MyGLRenderer.kt」ファイルをコピー&ペースト。

3 リソースのコピー&ペースト

ここではテクスチャ画像ファイルをプロジェクトにコピー&ペーストします。

手順 「Cyberdelia Engine」をコピー&ペーストする

[1] プロジェクト・フォルダ「C:¥Users¥(ユーザー名)¥AndroidStudioProjects¥Master DetailFlow¥app¥src¥main¥res¥drawable」を、エクスプローラで開いてください。

[2] 解凍した「KotlinOpenGLes32」フォルダの「app¥src¥main¥res¥drawable」フォルダを開く。

[3] プロジェクト・フォルダの「res¥drawable」フォルダに「checkorange.jpg」「pantsbrown.jpg」ファイルをコピー&ペースト。

8-3 ソースのコーディング

この節ではソースにコーディングしていき、3Dビューをセットします。

1 「MyGLRenderer.kt」ファイル

「MyGLRenderer.kt」ファイルがある階層を正しく変更します。

手順 「MyGLRenderer.kt」ファイルがある階層を変更する

[1] 画面左の「Project」から、「MasterDetailFlow¥app¥src¥main¥java¥com.example. masterdetailflow¥MyGLRenderer」ファイルをダブルクリックで開く。

[2] 画面右のソースエディタで「package com.example.kotlinopengles32」を「package com.example.masterdetailflow」に書き換える。

2　「build.gradle」ファイル

「build.gradle」の中で「constraintlayout」を追加します。

手順　「constraintlayout」を追加する

[1] 画面左の「Project」から「MasterDetailFlow¥app¥build.gradle」ファイルをダブルクリックで開く。

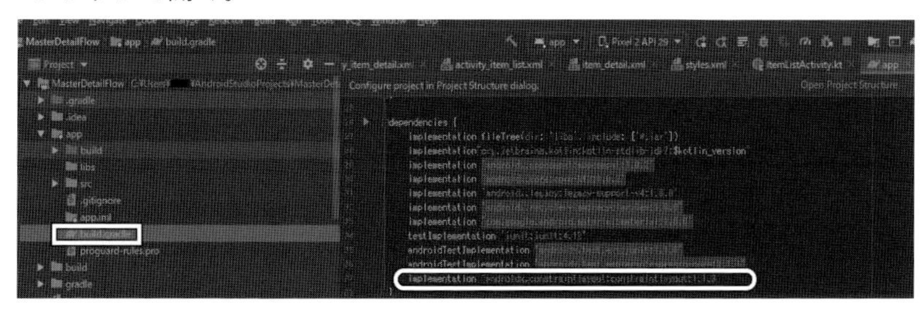

「build.gradle」ファイル

[2] 画面右のエディタで以下のようにコーディング。

```
----build.gradleファイル-----------------------------------
(前略)
dependencies {
    implementation fileTree(dir: 'libs', include: ['*.jar'])
    implementation"org.jetbrains.kotlin:kotlin-stdlib-
jdk7:$kotlin_version"
    implementation 'androidx.appcompat:appcompat:1.0.2'
    implementation 'androidx.core:core-ktx:1.0.2'
    implementation 'androidx.legacy:legacy-support-v4:1.0.0'
    implementation 'androidx.recyclerview:recyclerview:1.0.0'
    implementation 'com.google.android.material:material:1.0.0'
    testImplementation 'junit:junit:4.12'
    androidTestImplementation 'androidx.test.ext:junit:1.1.0'
    androidTestImplementation 'androidx.test.espresso:espresso-
core:3.1.1'
    implementation 'androidx.constraintlayout:constraintlay
out:1.1.3'                                                    ③
}
-----------------------------------------------------------
```

③「dependencies」の中で「androidx.constraintlayout:constraintlayout:1.1.3」を実装。

3 「activity_item_detail.xml」ファイル

リソースのレイアウトファイルの詳細ページで「androidx.constraintlayout.widget. ConstraintLayout」に書き換えます。

スクロールするレイアウトでは、「GLSurfaceView」は表示できないので、固定されたレイアウトに変更します。

手順 レイアウトを「androidx.constraintlayout.widget. ConstraintLayout」に書き換える

[1] 画面左の「Project」から「MasterDetailFlow¥app¥src¥main¥res¥layout¥activity_ item_detail.xml」ファイルをダブルクリックで開く。

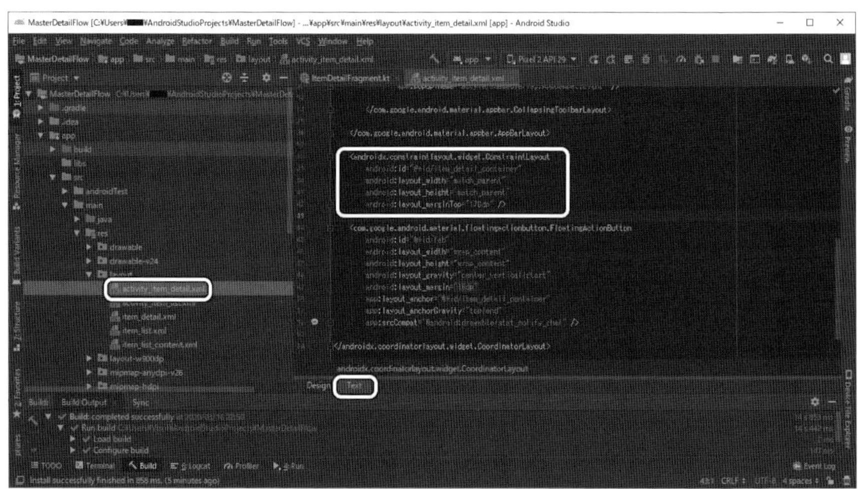

activity_item_detail.xmlファイル

[2] 画面右のエディタで「Text」タブをクリックし、以下のようにコーディング。

```
----activity_item_detail.xmlファイル------------------------
(前略)

    <com.google.android.material.appbar.AppBarLayout
        android:id="@+id/app_bar"
        android:layout_width="match_parent"
```

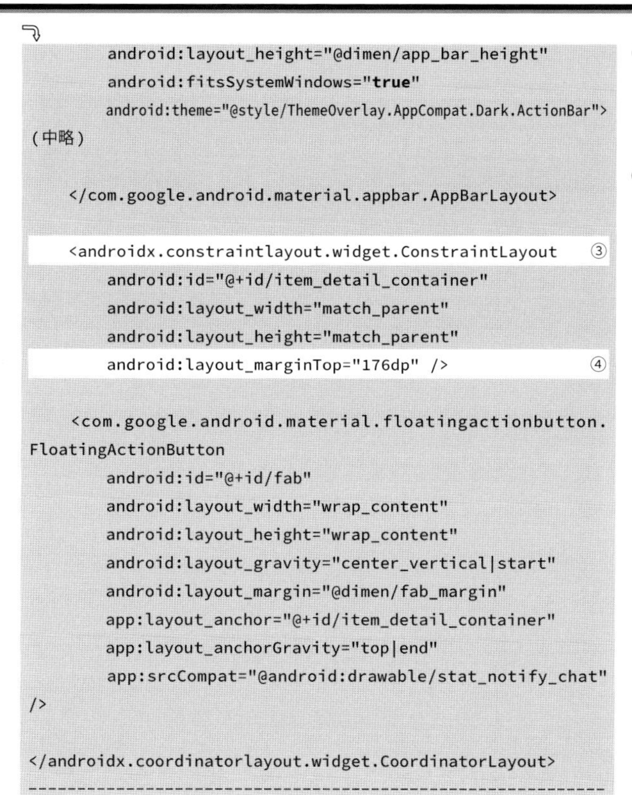

```
        android:layout_height="@dimen/app_bar_height"
        android:fitsSystemWindows="true"
        android:theme="@style/ThemeOverlay.AppCompat.Dark.ActionBar">
(中略)

    </com.google.android.material.appbar.AppBarLayout>

    <androidx.constraintlayout.widget.ConstraintLayout          ③
        android:id="@+id/item_detail_container"
        android:layout_width="match_parent"
        android:layout_height="match_parent"
        android:layout_marginTop="176dp" />                     ④

    <com.google.android.material.floatingactionbutton.
FloatingActionButton
        android:id="@+id/fab"
        android:layout_width="wrap_content"
        android:layout_height="wrap_content"
        android:layout_gravity="center_vertical|start"
        android:layout_margin="@dimen/fab_margin"
        app:layout_anchor="@+id/item_detail_container"
        app:layout_anchorGravity="top|end"
        app:srcCompat="@android:drawable/stat_notify_chat"
/>

</androidx.coordinatorlayout.widget.CoordinatorLayout>
-----------------------------------------------------------
```

③レイアウトを「androidx.core.widget.NestedScrollView」から「androidx.constraintlayout.widget.ConstraintLayout」に変更。

④余白を指定しないと白い背景ビューが見えてしまうので、「176dp」だけ余白を入れる。

4 「ItemDetailFragment.kt」ファイル

「Fragment」の中で「Cyberdelia Engine」のビューをセットします。

手順 「Cyberdelia Engine」のビューをセットする

[1] 画面左の「Project」から、「MasterDetailFlow¥app¥src¥main¥java¥com.example. masterdetailflow¥ItemDetailFragment」ファイルをダブルクリックで開く。

[2] 画面右のエディタで以下のようにコーディング。

```
----ItemDetailFragment.ktファイル---------------------------
package com.example.masterdetailflow

import android.os.Bundle
import androidx.fragment.app.Fragment
import android.view.LayoutInflater
import android.view.View
import android.view.ViewGroup
import android.opengl.GLSurfaceView                          ③
import android.view.MotionEvent                              ④

class ItemDetailFragment : Fragment(),View.OnTouchListener
{
    private var mGLView: GLSurfaceView? = null               ⑤
    private var mRenderer: MyGLRenderer? = null              ⑥

    override fun onCreateView(
        inflater: LayoutInflater, container: ViewGroup?,
        savedInstanceState: Bundle?
    ): View? {
        mGLView = GLSurfaceView(this.activity)               ⑦
        mGLView!!.setEGLContextClientVersion(3)              ⑧
        mRenderer = MyGLRenderer(this.requireContext())      ⑨
        mGLView!!.setRenderer(mRenderer)                     ⑩
        mGLView!!.setOnTouchListener(this)                   ⑪

        return mGLView                                       ⑫
    }

    override fun onTouch(v: View?, event: MotionEvent?):
Boolean {                                                    ⑬
        mRenderer!!.onTouchEvent(event!!)                    ⑭
        return true                                          ⑮
    }
    companion object {
        /**
         * The fragment argument representing the item ID
that this fragment
         * represents.
         */
        const val ARG_ITEM_ID = "item_id"
    }
}
-----------------------------------------------------------
```

③OpenGL ESのビューを使う「GLSurfaceView」クラスが扱えるようにインポート。

④画面を触ったときなどに呼ばれる「MotionEvent」クラスが扱えるようにインポート。

⑤「GLSurfaceView」クラスのインスタンス「mGLView」を宣言。

⑥「MyGLRenderer」クラスのインスタンス「mRenderer」を宣言。

⑦「GLSurfaceView」クラスのインスタンス「mGLView」を生成。

⑧OpenGL ESのバージョンを「3.2」にセットします。
ただしここでは整数のみなので「3」にセット。

⑨「MyGLRenderer」クラスのインスタンス「mRenderer」を生成。

⑩「mGLView」にレンダラー「mRenderer」をセット。

⑪3Dビューにタッチ判定をセットし、タッチされたら「onTouch」を呼び出す。

⑫Viewクラスの返り値「mGLView」を返す。

⑬画面がタッチなどされたときに「onTouch」が呼び出されます。

⑭「mRenderer」のタッチ処理のメソッドを呼び出す。

⑮「**true**」を返す。

8-4 プロジェクトのエミュレータ・実機での実行

この節ではプロジェクトをビルドして、「エミュレータ」や「実機」で実行します。

1 エミュレータで実行

3章4節の「1」を参考にエミュレータで実行したら、画面でリスト一覧からアイテムをクリックすれば詳細ページに遷移します。

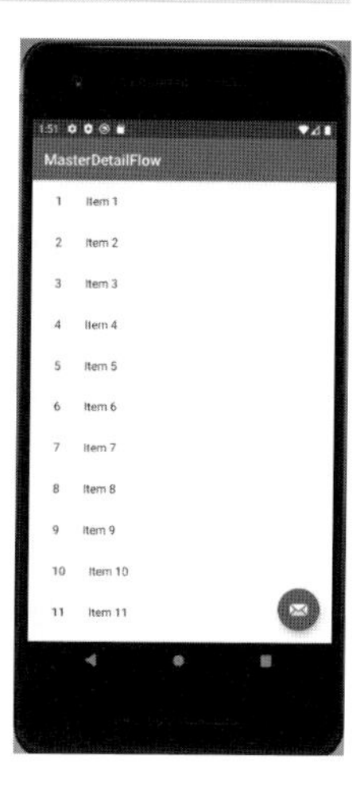

エミュレータで実行

2 実機で実行

3章4節の「2」を参考に実機で実行したら、画面でリスト一覧からアイテムをタッチすれば詳細ページに遷移します。

3 この章のまとめ

この章では、テンプレートのプロジェクト「Master/Detail Flow」を作って、3Dライブラリ「Cyberdelia Engine」のファイルをコピー&ペーストし、「Master/Detail Flow」のソースにコーディングし、ビルドしたアプリをエミュレータと実機で実行しました。

このアプリでは、「Master」の「Activity」でアイテムを一覧するリストビューを表示し、いずれかのアイテムがクリックされたら、「Detail」の「Activity」の詳細ページで3Dビューを表示する、ということが可能です。

Column 「ゲーム・エンジン」に勝る点

「3Dコンテンツ」を作る際に、「ゲーム・エンジン」より「Android Studio」が勝る点は、「IDE」(統合開発環境)の動作が軽い点です。

パソコンのスペックが多少古くてもかまいません。

確かに「Android Studio」も「エミュレータ」が重いですが、テストのときだけで、コーディング中は軽いです。

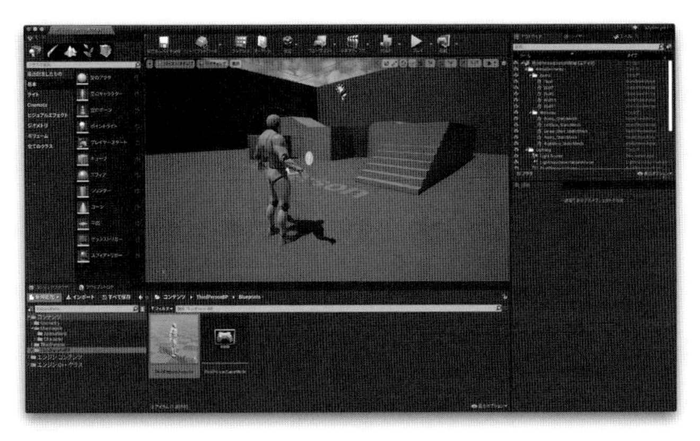

「ゲーム・エンジン」に勝る点

第9章

「Navigation Drawer Activity」プロジェクト

この章では、テンプレート・プロジェクト「Navigation Drawer Activity」を作って、画面左にメニューを出し入れして選び、そのページを開くアプリを作ります。

9-1 プロジェクトの用意

この節で作るのは「テンプレート・プロジェクト」の「Navigation Drawer Activity」です。

1 プロジェクトの用意

手順 プロジェクトの用意

[1]「Android Studio」を実行します。

[2]「File」→「New」→「New Project」メニューを実行。

[3]「Navigation Drawer Activity」を選び、「Next」ボタンをクリック。

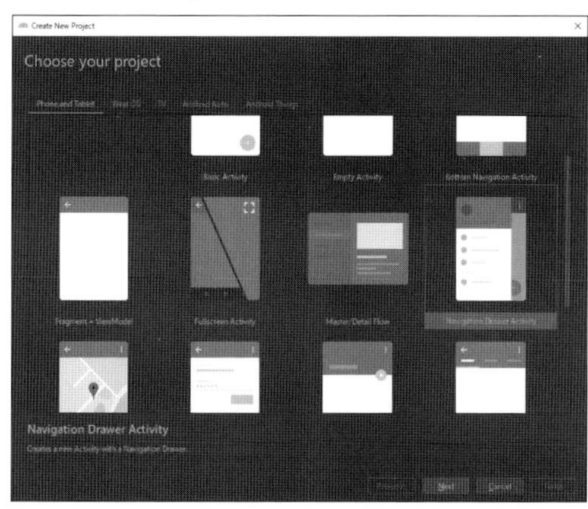

「Navigation Drawer Activity」を選択

[4]「Name」を「NavigationDrawer」に、「Package name」を「com.example.navigationdrawer」に、「Save location」を「C:¥Users¥(ユーザー名)¥AndroidStudioProjects¥NavigationDrawer」に、「Language」を「Kotlin」に、「Minimum API level」を「API 24: Android 7.0(Nougat)」にして、「This project will support instant apps」のチェックが外れていることを確認し、「Finish」ボタンをクリック。

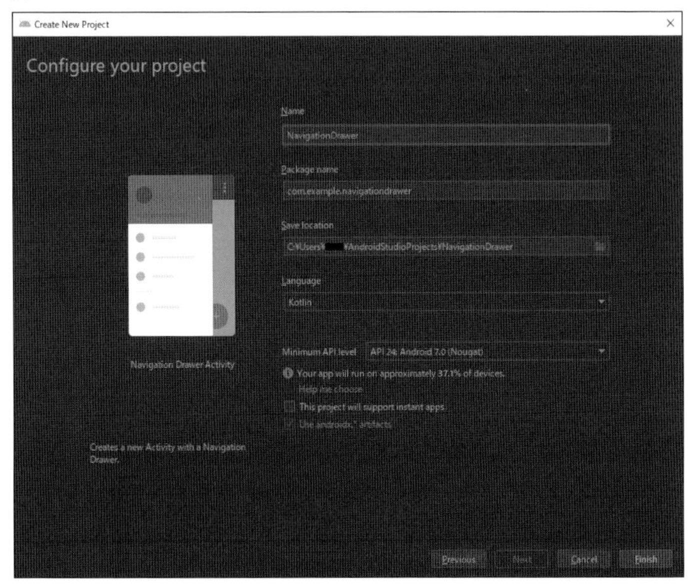

プロジェクトを設定

※ここで「Minimum API level」を「API 24: Android 7.0(Nougat)」にしたのは、「OpenGL ES 3.2」が動作する最小限のバージョンだからです。

2　Projectに切り替え

3章1節の「2」のように「Project」に切り替えます。

3　「Navigation Drawer Activity」とは

「Navigation Drawer Activity」は、最初「Home」のページが開いていて、このページに「3Dビュー」を表示します。

---

[1] 左上の「ツールバー」の3本線アイコンをタッチすると「メニュー」が出てくる。
「メニュー」を選べば、そのページが開く。

[2] また、「ツールバー」の右上の点が3個のアイコンをタッチすると、「Settings」アイテムが出てくる。

画面右下の丸アイコンをタッチすると、画面下に「メッセージ」が現れる。

9-2　ファイルのコピー&ペースト

この節ではプロジェクトに必要なファイルをコピー&ペーストします。

1　「Cyberdelia Engine」のダウンロード

3章2節の「1」を参考に「KotlinOpenGLes32_(バージョン).zip」を解凍してください

2　ソースファイルのコピー&ペースト

ここでは3Dライブラリ「Cyberdelia Engine」をコピー&ペーストします。

手順 「Cyberdelia Engine」をコピー&ペーストする

[1] プロジェクトフォルダ「C:¥Users¥(ユーザー名)¥AndroidStudioProjects¥NavigationDrawer¥app¥src¥main¥java」を、エクスプローラで開いてください。

[2] 解凍した「KotlinOpenGLes32」フォルダの「app¥src¥main¥java」フォルダを開く。

[3] プロジェクトフォルダの「java」フォルダ内に「cyberdeliaengine」フォルダをコピー&ペースト。

[4] プロジェクトフォルダの、「java¥com¥example¥navigationdrawer¥ui¥home」フォルダ内に「com¥example¥kotlinopengles32¥MyGLRenderer.kt」ファイルをコピー&ペースト。

3 リソースのコピー&ペースト

ここではテクスチャ画像ファイルをプロジェクトにコピー&ペーストします。

手順 テクスチャ画像ファイルをコピー&ペーストする

[1] プロジェクトフォルダ「C:¥Users¥(ユーザー名)¥AndroidStudioProjects¥Navigation Drawer¥app¥src¥main¥res¥drawable」を、エクスプローラで開いてください。

[2] 解凍した「KotlinOpenGLes32」フォルダの「app¥src¥main¥res¥drawable」フォルダを開く。

[3] プロジェクトフォルダの「res¥drawable」フォルダに「checkorange.jpg」「pantsbrown.jpg」ファイルをコピー&ペースト。

9-3 ソースのコーディング

この節ではソースに「コーディング」していき、「3Dビュー」をセットします。

1 「MyGLRenderer.kt」ファイル

「MyGLRenderer.kt」ファイルがある階層を正しく変更します。
リソースのある階層も追加します。

手順 「MyGLRenderer.kt」ファイルがある階層を変更して、リソースがある階層を追加する

[1] 画面左の「Project」から、「NavigationDrawer¥app¥src¥main¥java¥com.example. navigationdrawer¥ui¥home¥MyGLRenderer」ファイルをダブルクリックで開く。

[2] 画面右のエディタで以下のようにコーディング。

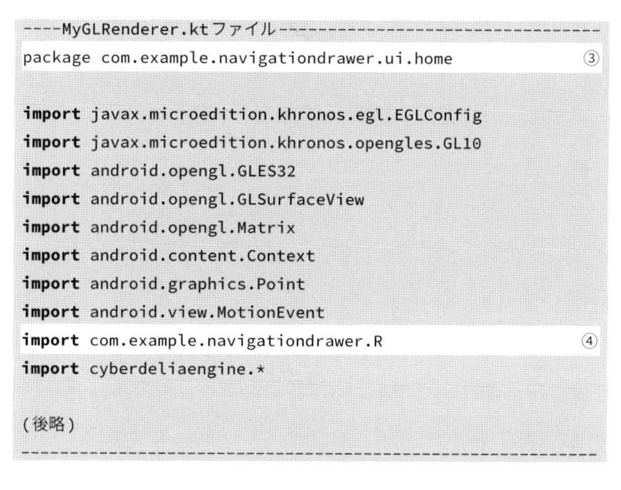

```
----MyGLRenderer.ktファイル---------------------------------
package com.example.navigationdrawer.ui.home                ③

import javax.microedition.khronos.egl.EGLConfig
import javax.microedition.khronos.opengles.GL10
import android.opengl.GLES32
import android.opengl.GLSurfaceView
import android.opengl.Matrix
import android.content.Context
import android.graphics.Point
import android.view.MotionEvent
import com.example.navigationdrawer.R                        ④
import cyberdeliaengine.*

(後略)
-------------------------------------------------------------
```

③画面右の「ソース・エディタ」で「package com.example.kotlinopengles32」を「package com.example.navigationdrawer¥ui¥home」に書き換え。

④「リソース・ファイル」階層をインポート。

2 「HomeFragment.kt」ファイル

「Fragment」の中で「Cyberdelia Engine」のビューをセットします。

手順 「Cyberdelia Engine」のビューをセットする

[1] 画面左の「Project」から「NavigationDrawer¥app¥src¥main¥java¥com.example. navigationdrawer¥ui¥home¥HomeFragment」ファイルをダブルクリックで開く。

[2] 画面右のエディタで以下のようにコーディング。

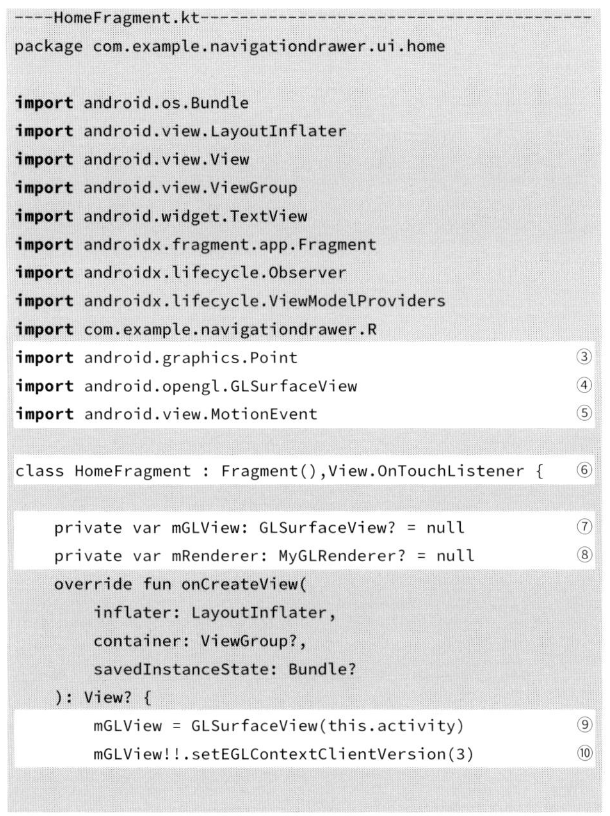

```
----HomeFragment.kt------------------------------------------
package com.example.navigationdrawer.ui.home

import android.os.Bundle
import android.view.LayoutInflater
import android.view.View
import android.view.ViewGroup
import android.widget.TextView
import androidx.fragment.app.Fragment
import androidx.lifecycle.Observer
import androidx.lifecycle.ViewModelProviders
import com.example.navigationdrawer.R
import android.graphics.Point                                  ③
import android.opengl.GLSurfaceView                            ④
import android.view.MotionEvent                                ⑤

class HomeFragment : Fragment(),View.OnTouchListener {         ⑥

    private var mGLView: GLSurfaceView? = null                 ⑦
    private var mRenderer: MyGLRenderer? = null                ⑧
    override fun onCreateView(
        inflater: LayoutInflater,
        container: ViewGroup?,
        savedInstanceState: Bundle?
    ): View? {
        mGLView = GLSurfaceView(this.activity)                 ⑨
        mGLView!!.setEGLContextClientVersion(3)                ⑩
```

③(x,y)座標をもつ「Point」クラスをインポート。
④「OpenGL ESビュー」の「GLSurfaceView」クラスをインポート。
⑤画面タッチイベントの「MotionEvent」クラスをインポート。

⑥「HomeFragment」クラスに画面タッチで呼ばれる「View.OnTouchListener」を追加。

⑦「GLSurfaceView」クラスのインスタンス「mGLView」変数を宣言。
⑧「MyGLRenderer」クラスのインスタンス「mRenderer」変数を宣言。

⑨「GLSurfaceView」クラスのインスタンス「mGLView」変数を生成。
⑩「OpenGL ES」のバージョンを「3」にセット。

```
        mRenderer = MyGLRenderer(this.requireContext())  ⑪
        mGLView!!.setRenderer(mRenderer)  ⑫
        mGLView!!.setOnTouchListener(this)  ⑬

        return mGLView  ⑭
    }

    override fun onTouch(v: View?, event: MotionEvent?):
Boolean {  ⑮
        mRenderer!!.mPoint=Point(mGLView!!.measuredWidth,
mGLView!!.measuredHeight)  ⑯
        mRenderer!!.onTouchEvent(event!!)  ⑰
        return true  ⑱
    }

}
--------------------------------------------------------------
```

⑪「MyGLRenderer」クラスのインスタンス「mRenderer」変数を生成。
⑫「mGLView」にmRenderer変数をセット。
⑬「mGLView」のビューがタッチされたときに「onTouch」メソッドが呼ばれるようにセット。
⑭「mGLView」ビューを返す。
⑮画面がタッチされたとき、「onTouch」メソッドが呼ばれます。
⑯「mRenderer」の「mPoint」変数に画面の幅高さのサイズを代入。
⑰「mRenderer」のタッチイベントを呼び出す。
⑱「**true**」を返す。

9-4 プロジェクトのエミュレータ・実機での実行

この節ではプロジェクトをビルドして、「エミュレータ」や「実機」で実行します。

1 「エミュレータ」で実行

3章4節の「1」を参考に「エミュレータ」で実行したら、画面をドラッグすればキャラクタが回転します。

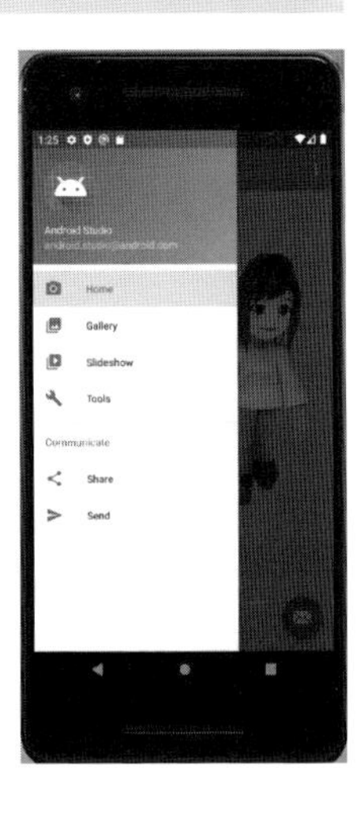

エミュレータで実行

2 実機で実行

3章4節の「2」を参考に実機で実行したら、画面を「スワイプ」すればキャラクタが回転します。

3 この章のまとめ

この章では、テンプレートのプロジェクト「Navigation Drawer Activity」を作って、3Dライブラリ「Cyberdelia Engine」のファイルをコピー&ペーストしました。

そして、「Navigation Drawer Activity」のソースに「コーディング」し、ビルドしたアプリを「エミュレータ」と実機で実行しました。

p

「ナビ」(Navigation)が引っ張られて(Drawer)出たり入ったりするメニューを選ぶと、そのページが開かれます。

「Home」ページなら「3Dビュー」を表示します。

第10章

「Tabbed Activity」プロジェクト

この章では、テンプレート・プロジェクト「Tabbed Activity」を作って、タブアイテムが2つあるので、タブを選んだページで3Dビューを表示します。

10-1 プロジェクトの用意

この節では「テンプレート・プロジェクト」の「Tabbed Activity」を作ります。

1 プロジェクトの用意

手順 プロジェクトの用意

[1]「Android Studio」を実行。

[2]「File」→「New」→「New Project」メニューを実行。

[3]「Tabbed Activity」を選び「Next」ボタンをクリック。

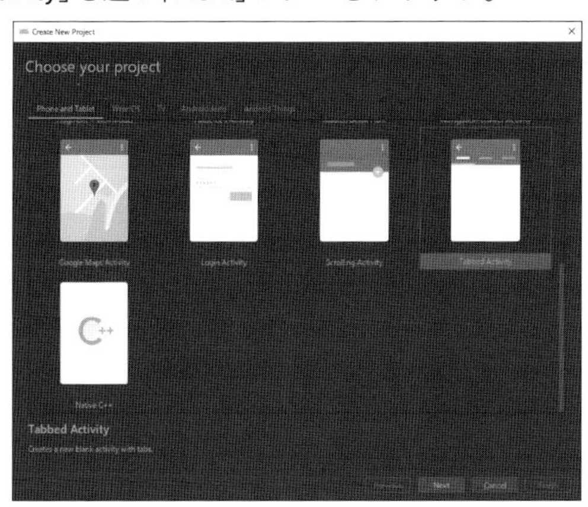

「Tabbed Activity」を選ぶ

[4]「Name」を「TabbedActivity」に、「Package name」を「com.example.tabbedactivity」に、「Save location」を「C:¥Users¥(ユーザー名)¥AndroidStudioProjects¥TabbedActivity」に、「Language」を「Kotlin」に、「Minimum API level」を「API 24: Android 7.0(Nougat)」にして、「This project will support instant apps」のチェックが外れていることを確認し、「Finish」ボタンをクリック。

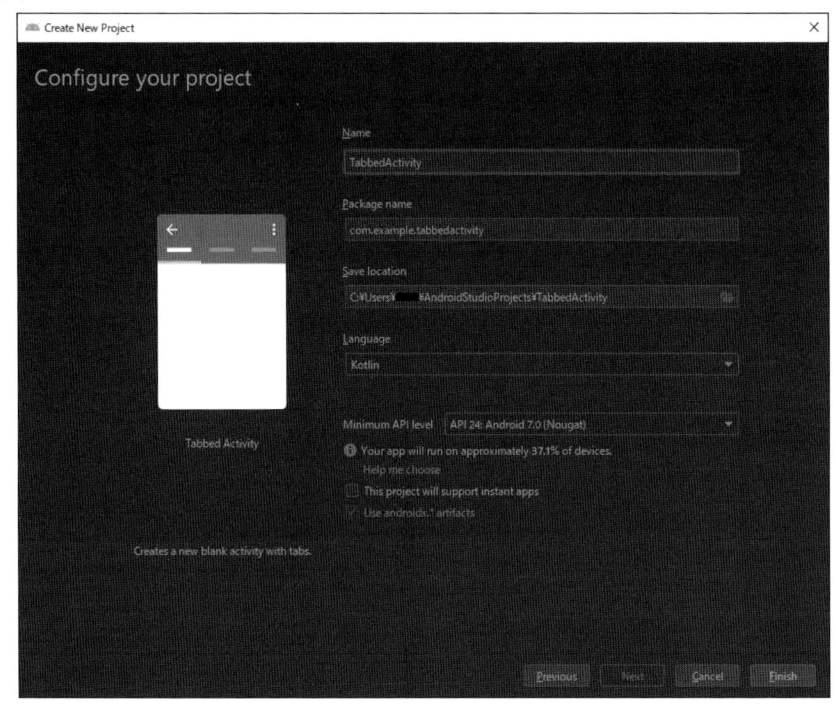

プロジェクトを設定

> ここで「Minimum API level」を「API 24: Android 7.0(Nougat)」にしたのは、「OpenGL ES 3.2」が動作する最小限のバージョンだからです。

---

2 Projectに切り替え

3章1節の「2」のように「Project」に切り替えます。

3　「Tabbed Activity」とは

「Tabbed Activity」とは、画面上部の「タブボタン」を押したらその「Fragment」ビューを表示する仕組みです。

「Bottom Navigation Activity」と違うのは、「Bottom Navigation Activity」は画面下部にボタンがある点と、「Tabbed Activity」は「Fragment」が切り替わる際にスクロールするように「スワイプ」できることです。

10-2　ファイルのコピー&ペースト

この節ではプロジェクトに必要なファイルをコピー&ペーストします。

1　「Cyberdelia Engine」のダウンロード

3章2節の「1」を参考に「KotlinOpenGLes32_(バージョン).zip」を解凍してください。

2　「ソースファイル」のコピー&ペースト

ここでは3Dライブラリ「Cyberdelia Engine」をコピー&ペーストします。

手順　「Cyberdelia Engine」をコピー&ペーストする

[1] プロジェクトフォルダ「C:¥Users¥(ユーザー名)¥AndroidStudioProjects¥TabbedActivity¥app¥src¥main¥java」を、エクスプローラで開いてください。

[2] 解凍した「KotlinOpenGLes32」フォルダの「app¥src¥main¥java」フォルダを開く。

[3] プロジェクトフォルダの「java」フォルダ内に「cyberdeliaengine」フォルダをコピー&ペースト。

[4] プロジェクトフォルダの「java¥com¥example¥tabbedactivity¥ui¥main」フォルダ内に「com¥example¥kotlinopengles32¥MyGLRenderer.kt」ファイルをコピー＆ペースト。

---

3 リソースのコピー&ペースト

ここではテクスチャ画像ファイルをプロジェクトにコピー＆ペーストします。

手順 テクスチャ画像ファイルのコピー&ペースト

[1] プロジェクトフォルダ「C:¥Users¥(ユーザー名)¥AndroidStudioProjects¥TabbedActivity¥app¥src¥main¥res¥drawable」を、エクスプローラで開く。

[2] 解凍した「KotlinOpenGLes32」フォルダの「app¥src¥main¥res¥drawable」フォルダを開く。

[3] プロジェクトフォルダの「res¥drawable」フォルダに「checkorange.jpg」「pantsbrown.jpg」ファイルをコピー＆ペースト。

10-3 ソースのコーディング

この節ではソースに「コーディング」していき、「3Dビュー」をセットします。

1 「MyGLRenderer.kt」ファイル

「MyGLRenderer.kt」ファイルがある階層を正しく変更します。

「リソース」(res)の「パス」もインポートします。

ここでは「com.example.tabbedactivity.R」が「C:¥Users¥(ユーザー名)¥AndroidStudioProjects¥TabbedActivity¥app¥src¥main¥res」を指す「Path」（パス）です。

「リソース」とはその「res」フォルダに置かれた、「画像」や「文字列」や「レイアウト」などの素材のことです。

手順 「MyGLRenderer.kt」ファイルの階層を変更して、「リソース」の「パス」をインポートする

[1] 画面左の「Project」から、「TabbedActivity¥app¥src¥main¥java¥com.example. tabbedactivity¥ui.main¥MyGLRenderer」ファイルをダブルクリックで開く。

[2] 画面右のエディタで以下のようにコーディング。

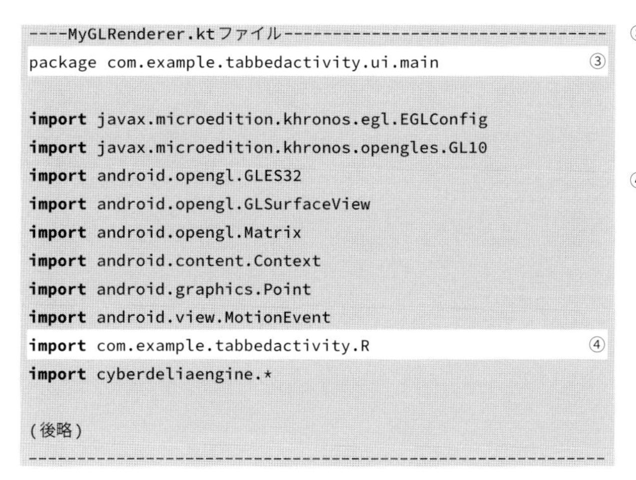

```
----MyGLRenderer.ktファイル------------------------------------
package com.example.tabbedactivity.ui.main                    ③

import javax.microedition.khronos.egl.EGLConfig
import javax.microedition.khronos.opengles.GL10
import android.opengl.GLES32
import android.opengl.GLSurfaceView
import android.opengl.Matrix
import android.content.Context
import android.graphics.Point
import android.view.MotionEvent
import com.example.tabbedactivity.R                           ④
import cyberdeliaengine.*

(後略)
------------------------------------------------------------------
```

③画面右の「ソース・エディタ」で「package com.example.kotlinopengles32」を「package com.example.tabbedactivity.ui.main」に書き換えます。

④「リソースファイル」の階層をインポートします。

2 「PlaceholderFragment.kt」ファイル

「Fragment」の中で「Cyberdelia Engine」の「ビュー」をセットします。

手順 「Cyberdelia Engine」の「ビュー」をセットする

[1] 画面左の「Project」から、「TabbedActivity¥app¥src¥main¥java¥com.example. tabbedactivity¥ui.main¥PlaceholderFragment」ファイルをダブルクリックで開く。

[2]画面右のエディタで以下のようにコーディング。

```
----PlaceholderFragment.ktファイル------------------------
package com.example.tabbedactivity.ui.main

import android.os.Bundle
import android.view.LayoutInflater
import android.view.View
import android.view.ViewGroup
import android.widget.TextView
import androidx.fragment.app.Fragment
import androidx.lifecycle.Observer
import androidx.lifecycle.ViewModelProviders
import com.example.tabbedactivity.R
import android.graphics.Point                                  ③
import android.opengl.GLSurfaceView                            ④
import android.view.MotionEvent                                ⑤

class PlaceholderFragment : Fragment(),View.OnTouchListener {  ⑥

    private var mGLView: GLSurfaceView? = null                 ⑦
    private var mRenderer: MyGLRenderer? = null                ⑧
    private lateinit var pageViewModel: PageViewModel

    override fun onCreate(savedInstanceState: Bundle?) {
        super.onCreate(savedInstanceState)
pageViewModel=ViewModelProviders.of(this).
get(PageViewModel::class.java).apply {
            setIndex(arguments?.getInt(ARG_SECTION_NUMBER)
?: 1)
        }
    }

    override fun onCreateView(
        inflater: LayoutInflater, container: ViewGroup?,
        savedInstanceState: Bundle?
    ): View? {
        mGLView = GLSurfaceView(this.activity)                 ⑨
        mGLView!!.setEGLContextClientVersion(3)                ⑩
        mRenderer = MyGLRenderer(this.requireContext())        ⑪
        mGLView!!.setRenderer(mRenderer)                       ⑫
        mGLView!!.setOnTouchListener(this)                     ⑬


        return mGLView                                         ⑭
    }
```

③(x,y)座標をもつ「Point」クラスをインポート。
④「OpenGL ES」ビューの「GLSurfaceView」クラスをインポート。
⑤画面タッチイベントの「MotionEvent」クラスをインポート。

⑥「PlaceholderFragment」クラスに画面タッチで呼ばれる「View.OnTouchListener」を追加。

⑦「GLSurfaceView」クラスのインスタンス「mGLView」変数を宣言。
⑧「MyGLRenderer」クラスのインスタンス「mRenderer」変数を宣言。

⑨「GLSurfaceView」クラスのインスタンス「mGLView」変数を生成。
⑩「OpenGL ES」のバージョンを「3」にセット。
⑪「MyGLRenderer」クラスのインスタンス「mRenderer」変数を生成。
⑫「mGLView」に「mRenderer」変数を「レンダラー」としてセット。
⑬「mGLView」のビューがタッチされたときに「onTouch」メソッドが呼ばれるようにセット。
⑭「mGLView」ビューを返す。

```
    override fun onTouch(v: View?, event: MotionEvent?):
Boolean {                                                      ⑮
mRenderer!!.mPoint=Point(mGLView!!.measuredWidth,mGLView!!.
measuredHeight)                                                ⑯
        mRenderer!!.onTouchEvent(event!!)                      ⑰
        return true                                            ⑱
    }
(後略)
-----------------------------------------------------------
```

⑮画面がタッチされたとき「onTouch」メソッドが呼ばれる。
⑯「mRenderer」の「mPoint」変数に画面の幅高さのサイズを代入。
⑰「mRenderer」のタッチイベントを呼び出す。
⑱「**true**」を返す。

10-4　プロジェクトのエミュレータ・実機での実行

この節では「プロジェクト」をビルドして、「エミュレータ」や「実機」で実行します。

1　「エミュレータで実行」

3章4節の「1」を参考にエミュレータで実行したら、画面を「ドラッグ」すればキャラクタが回転します。

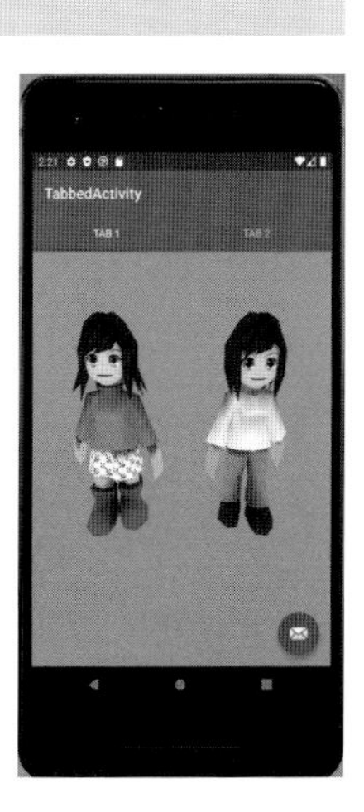

エミュレータで実行

2　実機で実行

3章4節の「2」を参考に実機で実行したら、画面を「スワイプ」すればキャラクタが回転します。

3 この章のまとめ

この章では、テンプレートのプロジェクト「Tabbed Activity」を作って、3D ライブラリ「Cyberdelia Engine」のファイルをコピー＆ペーストしました。

そして「Tabbed Activity」のソースに「コーディング」し、ビルドしたアプリを「エミュレータ」と「実機」で実行しました。

画面上部に「TAB 1」と「TAB 2」があるので、それぞれでページを選び、そのページに「3D ビュー」を表示します。

どちらの「タブボタン」も同じ「PlaceholderFragment」ビューを呼ぶので、どちらでも「3D ビュー」が表示されました。

Column その他の「テンプレート・プロジェクト」

「Android Studio」の「テンプレート・プロジェクト」は、本書で取り上げたもの以外にもありますが、ここでは解説していません。

なぜなら、たとえば「地図アプリ」の「テンプレート・プロジェクト」などは、デフォルトで「3D ビュー」を置ける空いた「Activity」や「Fragment」がないからです。

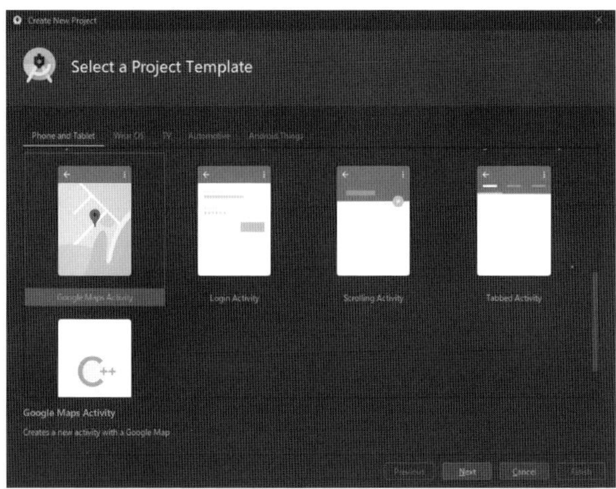

その他の「テンプレート・プロジェクト」

第11章

「Cyberdelia Engine」の使い方

この章では、テンプレート・ライブラリ「Empty Activity」をベースに作った「Kotlin OpenGL es32」プロジェクトにコードを書き足して、「Cyberdelia Engine」で3Dを扱う方法を解説します。

また「Cyberdelia Engine」で使える「3Dモデル」や「ボーン・アニメーション」する「3Dモデル」の書き出し方も説明します。

11-1 背景の追加

この節で解説するのは「静止モデル」の背景を「Vixar TransMotion」から書き出して、表示する方法です。

1 「Kotlin OpenGL es32」プロジェクトの用意

最初から完成した「Cyberdelia Engine」を含んだ「プロジェクト」を読み込みます。

手順 「Kotlin OpenGL es32」プロジェクトの用意

[1] 3章2節の「1」を参考に「KotlinOpenGLes32_(バージョン).zip」を解凍してください。

[2] 解凍した「Kotlin OpenGL es32」フォルダを「C:¥Users¥(ユーザー名)¥AndroidStudioProjects¥」内にカット&ペースト。

[3] 「Android Studio」を起動。

[4]「File」→「Open」メニューを実行。

[5]「KotlinOpenGLes32」を選び「OK」ボタンをクリック。

[6]「Sync Android SDKs」というダイアログが出た場合は、「Android SDK」のパスを変えるので「OK」します。

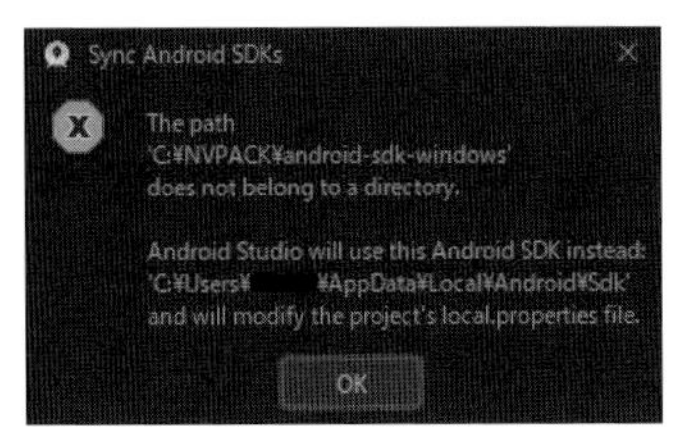

「Android SDK」の場所を変更

2 Vixar TransMotion

3Dアニメーションツール「TransMotion」で「Metasequoia形式mqoファイル」を読み込んで「Kotlin」形式に書き出します。

テクスチャの画像ファイルは、必ずすべて「小文字」の名前にしないと「Android Studio」でエラーが出ます。

手順 「Metasequoia形式mqoファイル」を「Kotlin」形式に書き出す。

[1]「TransMotion」はこちらからダウンロードできます。

https://vixar.jp/transmotion/

[2]解凍した「TransMotion.exe」を起動。

[3]「KotlinOpenGLSamples.zip」に素材が入っているので、工学社のサポートサイトからダウンロードしてください。

https://www.kohgakusha.co.jp/support.html

[4]解凍したサンプル「Ground.mqo」を、「TransMotion」で「ファイル」→「開く」メニューで読み込む。

[5]「ファイル」→「名前を付けて保存」メニューで、画像のように「Kotlin形式」を選んで「AndroidStudioProjects¥KotlinOpenGLes32¥ app¥src¥main¥java¥cyberdeliaengine」フォルダ内に「Ground.kt」と名付けて保存。

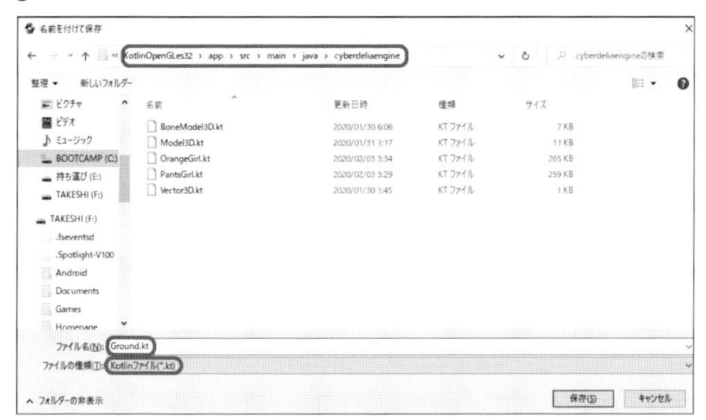

名前を付けて保存

[6]「ファイルの書き出し」ダイアログが出たら「アニメーション」を「なし」を選んで「OK」。

[7]サンプルのテクスチャファイル「grass.jpg」を、「AndroidStudioProjects¥KotlinOpenGLes32¥app¥src¥main¥res¥drawable」内にコピー＆ペースト。

3 「MyGLRenderer.kt」ファイル

「Ground」クラスの「地面モデル」を、「インスタンス」を生成して「テクスチャ」を貼り、「draw」メソッドで描画します。

手順 「地面モデル」をメソッドで描画する

[1]画面左の「Project」から、「KotlinOpenGLes32¥app¥src¥main¥java¥com.example. kotlinopengles32¥MyGLRenderer」ファイルをダブルクリックで開く。

[2]画面右の「エディタ」で以下のようにコーディング。

```
----MyGLRenderer.ktファイル-----------------------------------
(前略)

class MyGLRenderer(context: Context) : GLSurfaceView.
Renderer {
    private var mGround: Ground? = null                    ③
    private var mModel: OrangeGirl? = null
    private var mModel2: PantsGirl? = null

(中略)

    override fun onSurfaceCreated(unused: GL10, config:
EGLConfig) {
        GLES32.glEnable(GLES32.GL_DEPTH_TEST)
        GLES32.glClearColor(0.4f, 0.7f, 1.0f, 1.0f)

        mGround = Ground()                                  ④
        mGround?.setTexture(mContext.resources, R.drawable.grass)  ⑤

(中略)

    }

    override fun onDrawFrame(unused: GL10) {

         GLES32.glClear(GLES32.GL_COLOR_BUFFER_BIT or
GLES32.GL_DEPTH_BUFFER_BIT)
        Matrix.setLookAtM(mViewMatrix,0,0f,300f,500f,0f,100
f,0f,0f,1.0f,0.0f)

        mGround!!.transform(mViewMatrix,mProjectionMatrix)  ⑥
        mGround!!.draw()                                    ⑦

(後略)
-------------------------------------------------------------
```

③地面の静止モデル「Ground」のインスタンス「mGround」を宣言。

④「Ground」のインスタンス「mGround」を生成。

⑤草の画像テクスチャ「grass.jpg」を「mGround」にセット。

⑥「mGround」のモデルを移動やカメラやプロジェクションでトランスフォーム。

⑦「mGround」のモデルで地面を描画。

4 「エミュレータ」や「実機」で実行

3章4節の「1」を参考に「エミュレータ」で実行したら、画像のように地面が現れます。

「エミュレータ」で実行

3章4節の「2」を参考に「実機」でもテストしてみてください。

11-2 キャラクタに地面の上を移動させる

この節ではキャラクタを地面の上にピッタリ載せて移動させる方法を解説します。

1 「MyGLRenderer.kt」ファイル

「mModel」と「mModel2」の位置を「mTranslation.set」メソッドで毎フレームセットしていたのを、「onDrawFrame」から「onSurfaceCreated」にコードを移動して「初期位置」のみのセットにします。

カメラ視点はいつも「mModel」の斜め上です。

キャラクタが地面と接地しているかは「intersect」メソッドで調べます。

手順 キャラクタに地面の上を移動させる

[1] 画面左の「Project」から、「KotlinOpenGLes32¥app¥src¥main¥java¥com.example. kotlinopengles32¥MyGLRenderer」ファイルをダブルクリックで開く。

[2] 画面右の「エディタ」で以下のようにコーディング。

```
----MyGLRenderer.ktファイル---------------------------------
    override fun onSurfaceCreated(unused: GL10, config:
EGLConfig) {
        GLES32.glEnable(GLES32.GL_DEPTH_TEST)
        GLES32.glClearColor(0.4f, 0.7f, 1.0f, 1.0f)

        mGround = Ground()
        mGround?.setTexture(mContext.resources, R.drawable.
grass)
        mModel = OrangeGirl()
        mModel?.setTexture(mContext.resources, R.drawable.
checkorange)
        mModel!!.mTranslation.set(-100f,0f,0f)                ③
        mModel?.playAnimation(0,true)
        mModel2 = PantsGirl()
         mModel2!!.setTexture(mContext.resources, R.
drawable.pantsbrown)
        mModel2!!.mTranslation.set(100f,0f,0f)                ④
        mModel2?.playAnimation(0,true)
    }

    override fun onDrawFrame(unused: GL10) {

         GLES32.glClear(GLES32.GL_COLOR_BUFFER_BIT or
GLES32.GL_DEPTH_BUFFER_BIT)

        var v:Vector3D = Vector3D(mModel!!.mTranslation.
x,mModel!!.mTranslation.y,mModel!!.mTranslation.z)           ⑤
        Matrix.setLookAtM(mViewMatrix,0,v.x+500f,v.
y+500f,v.z+500f,v.x,v.y+150,v.z,0f,1.0f,0.0f)                ⑥

        mGround!!.transform(mViewMatrix,mProjectionMatrix)
        mGround!!.draw()

        val radian = Math.toRadians(mModel!!.mAngle.
toDouble())                                                  ⑦
```

③「mModel」の初期位置を(-100,0,0)にセット。

④「mModel2」の初期位置を(100,0,0)にセット。

⑤「mModel」の位置を「v変数」に取得。

⑥「カメラ」を「mModel」の位置の(+500,+500,+500)のカメラ位置から、「mModel」の位置の(+0,+150,+0)の注視点に向ける。

⑦「mModel」の「回転角度」を「ラジアン」に変換。

```
        v.x += Math.sin(radian).toFloat() * 1                    ⑧
         v.y += 100                                              ⑨
         v.z += Math.cos(radian).toFloat() * 1                   ⑪
             mModel!!.mTranslation.x = v.x                       ⑫
             mModel!!.mTranslation.y = v.y - mGround!!.
mDistance                                                        ⑬
             mModel!!.mTranslation.z = v.z                       ⑭
        }




        mModel!!.transform(mViewMatrix,mProjectionMatrix)
        mModel!!.draw()

        var v2:Vector3D = Vector3D(mModel2!!.mTranslation.
x,mModel2!!.mTranslation.y,mModel2!!.mTranslation.z)             ⑮
        val radian2 = Math.toRadians(mModel2!!.mAngle.
toDouble())                                                      ⑯
        v2.x += Math.sin(radian2).toFloat() * 1                  ⑰
        v2.y += 100                                              ⑱
        v2.z += Math.cos(radian2).toFloat() * 1                  ⑲
        if ( mGround!!.intersect(v2,Vector3D(0f,-1f,0f))) {      ⑳
            mModel2!!.mTranslation.x = v2.x                      ㉑
            mModel2!!.mTranslation.y = v2.y - mGround!!.mDistance ㉒
            mModel2!!.mTranslation.z = v2.z                      ㉓
        }




        mModel2!!.transform(mViewMatrix,mProjectionMatrix)
        mModel2!!.draw()
    }
-----------------------------------------------------
```

⑧「v.x」に「mModel」が向いた方向に距離「1」だけ前に進んだ位置を加算。
⑨「v.y」に100加算。
⑩「v.z」に「mModel」が向いた方向に距離「1」だけ前に進んだ位置を加算。
⑪地面と「v」との交差を判定。
⑫交差した場合、「mModel」のX位置に「v.x」を代入。
⑬交差した場合、「mModel」のY位置に「v.y」に地面との距離「mGround!!.mDistance」を減算した値を代入。
⑭交差した場合、「mModel」のZ位置に「v.z」を代入。

⑮「mModel2」の位置を「v2変数」に取得。
⑯「mModel2」の「回転角度」を「ラジアン」に変換。
⑰「v2.x」に「mModel2」が向いた方向に距離「1」だけ前に進んだ位置を加算。
⑱「v2.y」に「100」加算。
⑲「v2.z」に「mModel2」が向いた方向に距離「1」だけ前に進んだ位置を加算。
⑳地面と「v2」との「交差判定」をする。
㉑交差した場合、「mModel2」のX位置に「v2.x」を代入。
㉒交差した場合、「mModel2」のY位置に「v2.y」に地面との距離「mGround!!.mDistance」を減算した値を代入。
㉓交差した場合、「mModel2」のZ位置に「v2.z」を代入。

2 「エミュレータや実機で実行」

3章4節の「1」を参考にエミュレータで実行したら、画像のようにキャラクタが地面の上を前進します。

エミュレータで実行

3章4節の「2」を参考に実機でもテストしてみてください。

11-3 アニメーションするキャラクタの追加

この節で解説するのは「Vixar TransMotion」でボーン・アニメーションするキャラクタを追加する方法です。

1 Vixar TransMotion

3Dアニメーションツール「TransMotion」で「Metasequoia形式mqoファイル」を読み込んで「Kotlin形式」に書き出します。

テクスチャの画像ファイルは、すべて必ず「小文字」の名前にしないと「Android Studio」でエラーが出ます。

手順 「Metasequoia形式mqoファイル」を読み込んで「Kotlin形式」に書き出す

[1] 「TransMotion.exe」を起動。

[2] サンプル「RedJersey.vxtm」を，TransMotionで「ファイル」→「開く」メニューで読み込む。

[3] 「ファイル」→「名前を付けて保存」メニューで、画像のようにKotlin形式を選んで、「AndroidStudioProjects¥KotlinOpenGLes32¥app¥src¥main¥java¥cyberdeliaengine」フォルダ内に「RedJersey.kt」と名付けて保存。

[4] 「ファイルの書き出し」ダイアログが出たら「アニメーション」を「行列」を選んで「OK」。

[5] サンプルのテクスチャファイル「redjersey.jpg」を「AndroidStudioProjects¥KotlinOpenGLes32¥app¥src¥main¥res¥drawable」内にコピー＆ペースト。

2 「MyGLRenderer.kt」ファイル

赤いジャージのキャラクタ「RedJersey」を「インスタンス」で作って「テクスチャ」を読み込み、「アニメーション」させて表示します。

サンプルの「RedJersey.vxtm」ファイルは1つしか「アニメーション」をもっていないので、「TransMotion」で「アニメーション」を追加したら、その番号の「アニメーション」も再生できます。

手順 キャラクタを作って「テクスチャ」を読み込み、「アニメーション」させて表示させる。

[1] 画面左の「Project」から「KotlinOpenGLes32¥app¥src¥main¥java¥com.example. kotlinopengles32¥MyGLRenderer」ファイルをダブルクリックで開く。

[2] 画面右の「エディタ」で以下のようにコーディング。

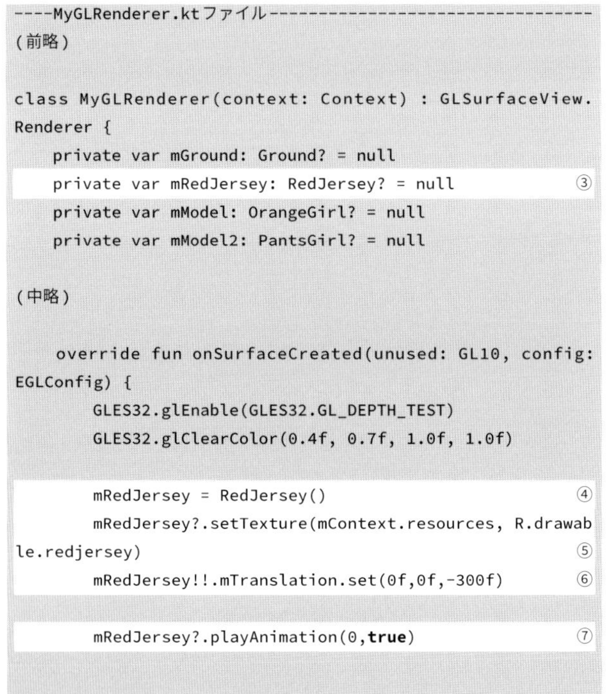

```
----MyGLRenderer.ktファイル--------------------------------
(前略)

class MyGLRenderer(context: Context) : GLSurfaceView.
Renderer {
    private var mGround: Ground? = null
    private var mRedJersey: RedJersey? = null          ③
    private var mModel: OrangeGirl? = null
    private var mModel2: PantsGirl? = null

(中略)

    override fun onSurfaceCreated(unused: GL10, config:
EGLConfig) {
        GLES32.glEnable(GLES32.GL_DEPTH_TEST)
        GLES32.glClearColor(0.4f, 0.7f, 1.0f, 1.0f)

        mRedJersey = RedJersey()                         ④
        mRedJersey?.setTexture(mContext.resources, R.drawab
le.redjersey)                                            ⑤
        mRedJersey!!.mTranslation.set(0f,0f,-300f)       ⑥

        mRedJersey?.playAnimation(0,true)                ⑦
```

③赤ジャージのアニメーションキャラクタ「RedJersey」のインスタンス「mRedJersey」を宣言。

④「RedJersey」のインスタンス「mRedJersey」を生成。

⑤赤ジャージのテクスチャ「redjersey.jpg」を「mRedJersey」にセット。

⑥「mRedJersey」のモデルを(x,y,z)=(0,0,-300)の初期位置に配置。

⑦赤いジャージのキャラクタのアニメーション番号を「0番」に。

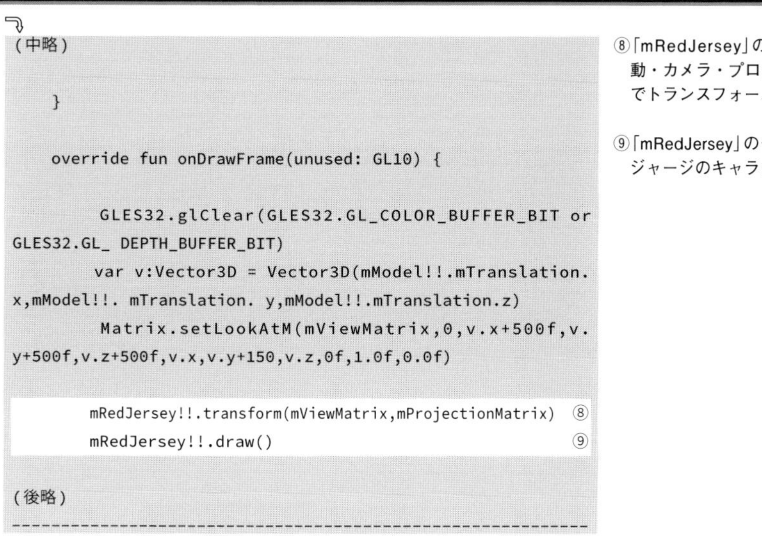

```
(中略)

    }

    override fun onDrawFrame(unused: GL10) {

        GLES32.glClear(GLES32.GL_COLOR_BUFFER_BIT or
GLES32.GL_ DEPTH_BUFFER_BIT)
        var v:Vector3D = Vector3D(mModel!!.mTranslation.
x,mModel!!. mTranslation. y,mModel!!.mTranslation.z)
        Matrix.setLookAtM(mViewMatrix,0,v.x+500f,v.
y+500f,v.z+500f,v.x,v.y+150,v.z,0f,1.0f,0.0f)

        mRedJersey!!.transform(mViewMatrix,mProjectionMatrix)  ⑧
        mRedJersey!!.draw()                                    ⑨

(後略)
```

⑧「mRedJersey」のモデルを移動・カメラ・プロジェクションでトランスフォーム。

⑨「mRedJersey」のモデルで赤いジャージのキャラクタを描画。

3 「エミュレータ」や「実機で実行

3章4節の「1」を参考に「エミュレータ」で「実行」したら、画像のように赤いジャージの「キャラクタ」も現われます。

「エミュレータ」で実行

3章4節の「2」を参考に実機でもテストしてみてください。

Column 「1モデル」につき「1マテリアル」「1テクスチャ」

本書の「Cyberdelia Engine」は高速化のため「1モデル」につき「1マテリアル」「1テクスチャ」限定です。

なぜかというと「シェーダー」は、「マテリアル」ごとにその「マテリアル」の「ポリゴン」をまとめて描画するからです。

「マテリアル」がたくさんあると、その分「マテリアル」を「シェーダー」にセットし直す回数が増えて処理も重くなります。

「1モデル」につき「1マテリアル」「1テクスチャ」

4 「この章のまとめ

この章では、3Dライブラリ「Cyberdelia Engine」の使い方を解説しました。

「静止モデル」を追加して表示したり、キャラクタに地面の上を歩かせたり、「ボーン・アニメーションモデル」を追加して表示したりしました。

＊

この章で本書の内容はすべて終わりです。

読者の皆さんが作りたい「テンプレート」で、この章の内容を参考に「3Dコンテンツ」を作ってみてください。

索 引

記号・数字

@ NullPointerException……13
@ NonNull 型……13
@ Nullable 型……13
2D……11
3D……7,11,13
3D-CG……16
3D アセット……11
3D アニメーション……17
3D アプリ……7,19,24
3D シーン……15
3D 頂点データ……15
3D ビュー……41,77,78
3D プログラミング……13
3D モデル……113
3D ライブラリ……22

アルファベット順

《A》

Activity……43,63
activity_main.xml ファイル……67
Android……7,8,9
Android Studio Setup……27
Android Studio Setup Wizard……31
AndroidOS……8,19
AndroidSDK……21
AndroidStudio……7,10,11,20,24,26,69
Android アプリ……9
Android アプリ……11
Android の機能……9
API……19
API レベル……21
apk ファイル……12

《B》

Basic Activity……52,60
Bottom Navigation Activity……61,69,107

《C》

C++……11
Cyberdelia Engine……22,44,47,113

《D》

DirectX……19
draw……115
Drawer……104

《E》

Empty Activity……34,41,43

《F》

Fragment……63,70,72
Fragment+ViewModel……70,77
Fullscreen……79
Fullscreen Activity……78,86

《G》

GLSurfaceView……47
Google……7,8
Ground……115

《H》

Home……99

《I》

IDE……10
intersect……118
iOS……8,19
iPhone……7
ItemListActivity……88

《J》

Java……11,13

《K》

Kotlin……11,12
KotlinOpenGLes32……45,113
Kotlin 形式……121

《M》

MainActivity.kt ファイル……47
Master/Detail Flow……87,88
Metal……20

Metasequoia……22,23
Metasequoia 形式……114,121
mqo ファイル……22,23
MyCLRenderer.kt ファイル……46

《N》

Navigation……104
Navigation Drawer Activity……97,99,104
NDK……11

《O》

OpenGL ES……19,20,21
OpenGL ES 3.2……19

《P》

package……46
PlaceholderFragment……112

《S》

SDK……12
settings ボタン……53

《T》

Tabbed Activity……105,107,112

《V》

ViewModel……72
Vixar TransMotion……22,24,114,121

50 音順

《あ行》

い インスタンス……70,115
え エディター……11
　エミュレータ……12,24,35,39,40,49
お オルゾー……13,14

《か行》

く グラフィックス・ハードウェア……19

《さ行》

し シェーダー……18,124
　地面モデル……115
せ 静止モデル……113
　静的型付け……12
　線分……16
そ ソフトウェア開発キット……12,21

《た行》

た タブボタン……107,112
ち 地図アプリ……112
　頂点……16,18
　頂点シェーダー……18,18
つ ツールバー……36
て ディテイル画面……88
　テクスチャ……12,115,121
　テクスチャ画像ファイル……45
　テンプレート・プロジェクト……34,41

《は行》

は パースペクティブ……13,14
　バーテックス……16
ひ ビュー行列……14,15
ふ フラグメント・シェーダー……18
　プリ・レンダリング……17
　フルスクリーン……79,86
　プロジェクション行列……13
ほ ボーン……17
　ボーン・アニメーション……17,24,121
　ボーン変形……15
　ボタン……53
　ポリゴン……16,18,124
　ポリゴン・モデラー……17,22

《ま行》

ま マテリアル……15,124
　丸ボタン……53
も モーフ・アニメーション……17
　モデラー……17
　モデリング……17
　モデル（ワールド）行列……15
　モデル・ビュー・プロジェクション行列……18

《ら行》

ら ライフサイクル……70
　ライン……16,18
り リアルタイム・レンダリング……17
　リジッドボディ・アニメーション……17
　リストビュー……88
れ レンダリング……17,19

《わ行》

わ ワイヤー・フレーム……16

■著者プロフィール

大西　武（おおにし・たけし）

1975年香川県生まれ。
大阪大学経済学部中退。
(株)カーコンサルタント大西で役員を務める。
アイデアを考えたり、プログラミングしたり、「3D-CG」や「2D-CG」の絵を描いたり、作詞作曲したり、サウンドを作ったり、デザインしたり、文章を書いたりする、クリエイター。
本を執筆したり、コンテストに入賞したり、TVに出たり、雑誌に載ったり、Webサイトで紹介されたり、合わせて300回以上、オリジナル作品が採用されている。
ホームページは、
https://vexil.jp
https://profile.vixar.jp

[主な著書]

「ビットパズル」
Metal 2ではじめる3D-CGゲームプログラミング
Xamarinではじめるスマホアプリ開発
速習Flash 3D
速習JavaScript
ゲームSNSの作り方
Flash10 3Dゲーム制作　ほか　（工学社）

OpenGL ESを使ったAndroid 2D/3Dゲームプログラミング（秀和システム）
3D IQ間違い探し　（主婦の友社）

本書の内容に関するご質問は、
①返信用の切手を同封した手紙
②往復はがき
③ FAX (03)5269-6031
（返信先の FAX 番号を明記してください）
④ E-mail　editors@kohgakusha.co.jp
のいずれかで、工学社編集部あてにお願いします。
なお、電話によるお問い合わせはご遠慮ください。

サポートページは下記にあります。

[工学社サイト]
http://www.kohgakusha.co.jp/

I/O BOOKS

「Kotlin」と「OpenGL ES3」ではじめる「Android」入門

2020 年 4 月 30 日　初版発行　ⓒ 2020

著　者　　大西　武
発行人　　星　正明
発行所　　株式会社**工学社**
〒160-0004 東京都新宿区四谷 4-28-20 2F
電話　(03)5269-2041（代）[営業]
　　　(03)5269-6041（代）[編集]
振替口座　00150-6-22510

※定価はカバーに表示してあります。

印刷：図書印刷（株）

ISBN978-4-7775-2106-7